JN268296

ゴム技術入門

日本ゴム協会　編

丸善出版

序

　ゴム製品は私たちの日常でごく身近に使われています．中にはゴムなしでは
システムが成立しないものも少なくありません．タイヤのないスポーツカーを
想像してみてください．一方で機械やシステム設計に携わっていらっしゃる方
の多くは口をそろえたように"ゴムはとらえどころがなくて，よくわからない"
といわれます．

　15 世紀に，アメリカ大陸の現地人が天然ゴムのボールで遊んでいるのをコロ
ンブスが発見して以来，ゴムは着実に我々人類の生活に広く深く密着した存在
となってきました．19 世紀に最先端のファッション材料として上流階級の脚光
をあび，また軍事戦略物質として政府統制下におかれて国を挙げての研究開発
対象となるなど，幾多の技術革新の波にもまれながら，常に時代の最先端の一
翼を担ってきています．現在では，医療，航空宇宙および IT 産業などの分野で
もゴムは使われています．生体適合性にすぐれたカテーテルや人工血管，人工
衛星の衝撃吸収材料，航空機用シール材料，地震エネルギーを吸収する免震ゴ
ム，高度に電気抵抗が制御されミクロンレベルの寸法精度をもつ OA ロールな
どもゴムでできています．ゴムは無限の可能性を秘めた魅力的な材料なのです．

　ゴムは不可解でとらえどころがないという印象をもたれる理由として，ゴム
は生きもののように繊細で個性豊かであり，時の経過とともに老化していくこ
とがあげられるでしょう．実はゴム技術にはよくわかっていないことがまだ
まだたくさんあります．ゴムがもっともっと広く使われるようになるためには，
たくさんの人にゴムの特徴を知っていただき，興味をもってさらに研究を進め
ていただくことが必要です．

　日本で唯一のゴム科学技術専門誌である日本ゴム協会誌の編集委員会では，
ゴム技術をわかりやすく記述した入門書を発行し，広くゴムを知っていただき
たいという強い願いから，自ら原稿を作成し協会誌に連載しました．企画の狙
いは単純明快な次の 2 点です．その 1，身近にあるゴムの特徴をたくさんの人
に知っていただきたい．その 2，ゴム製品を使っていただいている方，また，こ

れからゴム技術に携わろうとする研究者の方にゴムへの興味と愛着を深めていただきたい．そのためには現在わかっていることとまだわかっていないことを明確にして平易に解説することが大切と考えました．編集委員会では，大学およびゴム関連企業の研究者や技術者の知恵を結集した解説書づくりに取り組みました．準備段階から最終の第13講掲載まで足かけ5年を費やしました．日本ゴム協会誌への掲載月と主な執筆者一覧を次ページに示しますが，当時の編集委員全員が真摯に討論を重ね，また企業の枠を超えた協力を得て完成されたものです．

　このシリーズがこのたび丸善株式会社のご協力により単行本として発行され，どなたでも書店で入手いただけることになりました．一人でも多くの方にゴムをもっと身近に感じてその魅力を知っていただく，そして我々人類の未来に役立てていただく，そのきっかけの一つとなることを祈念しています．

　なお，本書は原則として上記入門講座シリーズを原本に忠実に残すようにしました．変更点は「講」を「章」に改めたこと，および文章のつながりで不自然な部分を改めたことの2点であることを付記します．

　　2004年1月

　　　　　　　　　　日本ゴム協会　出版企画委員会
　　　　　　　　　　ゴム技術入門WG　主査　　長　野　悦　子

日本ゴム協会誌掲載号・
主執筆者（所属機関名）一覧

第 1 章　　第 71 巻第 5 号　　中内秀雄（株式会社ブリヂストン），
　　　　　　　　　　　　　　　長野悦子（東海ゴム工業株式会社）
第 2 章　　第 71 巻第 7 号　　中内秀雄（株式会社ブリヂストン），
　　　　　　　　　　　　　　　長野悦子（東海ゴム工業株式会社）
第 3 章　　第 71 巻第 10 号　　山崎俊一（財団法人日本自動車研究所）
第 4 章　　第 72 巻第 1 号　　古田　勲（日本合成ゴム株式会社）
第 5 章　　第 72 巻第 5 号　　秋田修一（日本ゼオン株式会社）
第 6 章　　第 72 巻第 7 号　　村岡清繁（住友ゴム工業株式会社），
　　　　　　　　　　　　　　　山崎俊一（財団法人日本自動車研究所）
第 7 章　　第 72 巻第 10 号　　加藤清雄（旭化成工業株式会社）
第 8 章　　第 72 巻第 12 号　　小林幸夫（大内新興化学工業株式会社）
第 9 章　　第 73 巻第 3 号　　長野悦子（東海ゴム工業株式会社）
第 10 章　　第 73 巻第 5 号　　溝口哲郎（住友ゴム工業株式会社）
第 11 章　　第 73 巻第 9 号　　長野悦子（東海ゴム工業株式会社），
　　　　　　　　　　　　　　　山田英介（愛知工業大学）
第 12 章　　第 73 巻第 11 号　　野口　徹（三ツ星ベルト株式会社）
第 13 章　　第 73 巻第 12 号　　河上伸二（横浜ゴム株式会社），
　　　　　　　　　　　　　　　長野悦子（東海ゴム工業株式会社），
　　　　　　　　　　　　　　　古田　勲（日本合成ゴム株式会社）

イラスト　　　　　　　　　　　長瀬健次（東海ゴム工業株式会社）

［掲載順，執筆者は五十音順，（　）内は掲載当時の所属］

目　　次

第1章　ゴム技術ことはじめ ……………………………………… 1
　1.1　はじめに ……………………………………………………… 1
　1.2　新ゴム消費量と主要ゴム製品 …………………………… 2
　1.3　ゴム製品代表選手紹介 ……………………………………… 3
　1.4　本書の構成 …………………………………………………… 6
　参考文献 …………………………………………………………… 9

第2章　ゴムを分子から見てみよう …………………………… 10
　2.1　ゴムをミクロに見てみよう ……………………………… 10
　2.2　「伸び縮みする」製品例：輪ゴム ………………………… 10
　2.3　「柔らかい」製品例：建築用シーラント ………………… 12
　2.4　「弾性に富む」製品例：ゴルフボール …………………… 15

第3章　ゴム特性をマクロにみてみよう ……………………… 18
　3.1　ゴムの機械的性質をマクロにみてみよう ……………… 18
　3.2　ゴム材料のS-S曲線 ………………………………………… 20
　3.3　ゴムのヒステリシス ………………………………………… 22
　3.4　ゴムの粘弾性 ………………………………………………… 22
　3.5　S-S曲線と製品設計 ………………………………………… 23
　参考文献 …………………………………………………………… 25

第4章　ゴムの応力-ひずみ特性解明アプローチ …………… 26
　4.1　ゴムの機械的性質を理論的にみてみよう ……………… 26
　4.2　各理論のポイント ………………………………………… 27
　参考文献 …………………………………………………………… 33

viii　　目　次

第5章　ゴム製品の原材料 ……………………………………………34

　5.1　ゴム製品の原材料構成 ………………………………………34

　5.2　原料ゴムの種類と特徴 ………………………………………35

　5.3　原料ゴムの化学結合構造と特性 ……………………………41

　5.4　充てん剤の種類と特徴 ………………………………………43

　参考文献 …………………………………………………………44

第6章　ゴムの複合補強・強化 ………………………………………45

　6.1　はじめに ………………………………………………………45

　6.2　ゴム製品の複合補強・強化 …………………………………45

　6.3　ゴムをマトリックスとした繊維強化複合材料の性質 ………49

　6.4　ゴムと充てん剤の関係——タイヤはなぜ黒い?—— ………51

　参考文献 …………………………………………………………57

第7章　エラストマーブレンド ………………………………………58

　7.1　ゴム製品とエラストマーブレンド …………………………58

　7.2　エラストマーブレンドと相溶性 ……………………………59

　7.3　エラストマーブレンドとその共架橋ゴム物性 ………………64

　7.4　エラストマーブレンドと製品 ………………………………64

　参考文献 …………………………………………………………67

第8章　ゴムの架橋と薬剤 ……………………………………………68

　8.1　はじめに ………………………………………………………68

　8.2　ゴムの架橋反応について ……………………………………69

　8.3　ゴムの架橋方法 ………………………………………………70

　8.4　おわりに ………………………………………………………79

　参考文献 …………………………………………………………79

第9章　加工技術——華麗なる変身—— ……………………………80

　9.1　はじめに ………………………………………………………80

目 次　ix

9.2　ゴムの加工工程 ……………………………………………… 80

9.3　おわりに ……………………………………………………… 90

　　　参考文献 ……………………………………………………… 91

第 10 章　加工技術——混練り—— …………………………… 92

10.1　はじめに ……………………………………………………… 92

10.2　混練機械の歴史 ……………………………………………… 92

10.3　混練りのメカニズム ………………………………………… 95

10.4　カーボンブラックの分散機構 ……………………………… 97

10.5　混練装置による練りの特徴 ………………………………… 98

10.6　混練方法と制御 ……………………………………………… 100

10.7　混練度評価 …………………………………………………… 102

10.8　おわりに ……………………………………………………… 104

　　　参考文献 ………………………………………………………… 104

第 11 章　加工技術——加硫—— …………………………………… 106

11.1　はじめに ……………………………………………………… 106

11.2　加硫の発見と工業化の歴史 ………………………………… 107

11.3　加硫によるゴムの変化 ……………………………………… 109

11.4　加硫技術 ……………………………………………………… 109

11.5　加硫接着 ……………………………………………………… 112

11.6　おわりに ……………………………………………………… 116

　　　参考文献 ………………………………………………………… 116

第 12 章　架橋ゴムの試験 ………………………………………… 118

12.1　はじめに ……………………………………………………… 118

12.2　静的試験 ……………………………………………………… 118

12.3　動的試験 (JIS K 6394, JIS K 7198) ……………………… 123

12.4　磨耗試験 (JIS K 6264) ……………………………………… 124

12.5　摩擦試験 ……………………………………………………… 125

x　　目　　次

12.6　疲労試験 …………………………………………………… *126*

12.7　耐久性試験 ………………………………………………… *126*

12.8　おわりに …………………………………………………… *128*

参考文献 …………………………………………………………… *128*

第13章　未加硫ゴムの試験 …………………………………… *130*

13.1　はじめに …………………………………………………… *130*

13.2　未加硫ゴムの特性 ………………………………………… *131*

13.3　未加硫ゴムの試験方法 …………………………………… *134*

13.4　おわりに …………………………………………………… *140*

参考文献 …………………………………………………………… *140*

索　引 ……………………………………………………………… *141*

第1章　ゴム技術ことはじめ

1.1　はじめに

　少しでもゴムに関心をもっていて下さる方々に，またこれからゴムを学ぼう
と考えておられる方々に，ゴムというユニークな材料の特徴をより深く理解い
ただくとともに，もっと広い範囲でゴムをたくさん使っていただくことを願っ
て本書「ゴム技術入門」を発行します．

　19世紀始めに雨具として登場して以来，ゴム製品は実に幅広い分野で使われ
ています．日本ゴム協会誌ではすでに私たちの身近で活躍しているゴム製品の
いくつかを取り上げ“身近なゴム製品”シリーズとして紹介しています．本書
はゴムならではの特長を遺憾なく発揮している製品を代表選手に選んで，基本
的な特性，構成されている材料，そして加工という三つの視点からゴムの解説
を進めていきます．

　第1章ではこれから登場するゴム製品と本シリーズの全体構成を紹介します．

　最初に今年4月にゴム会社へ入社したばかりのはずむクンとしずかチャンを
紹介します．本書で皆さんと一緒に勉強して
いきます．

1.2 新ゴム消費量と主要ゴム製品

　1997年の日本における新ゴム使用量は，ゴム製品に使われたものに限ると，天然ゴム，合成ゴム合わせて約145.3万トンでした．主なゴム製品と使用ゴム量を**表1.1**に示します．実に新ゴムの75%が自動車用のタイヤとチューブに使われています．そのほか防振ゴムやホースにも使われていますから，自動車は最も多くゴムを使っているシステムといえます．もしもゴムがこの世に存在しなかったならば今日の自動車産業の発展はなかったともいえるでしょう．ゴムは車による快適な高速走行の一端を支えています．**図1.1**に自動車に使われているゴム部品を示します．車種により異なりますが，1台あたり80点以上のゴム部品が使われています．タイヤも大きな一つの部品です．中には点検時に交換されるものもありますが，エンジンマウントのように車の一生に最後までお供する部品も少なくありません．

表1.1　1997年主要ゴム製品の新ゴム使用量（日本ゴム工業会提供）

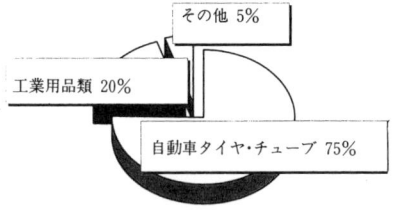

品目	数量(トン)	前年比(%)	構成比(%)
自動車タイヤ・チューブ	1,094,824	102.7	75.3
工業用品(ベルト，ホースなど)	284,735	101.9	19.6
その他(医療用など)	73,672	94	5.1
合計	1,453,231	102.3	100

1997/1～12月累計　　　　　　　　　　　　　日本ゴム工業会提供

1.3 ゴム製品代表選手紹介   3

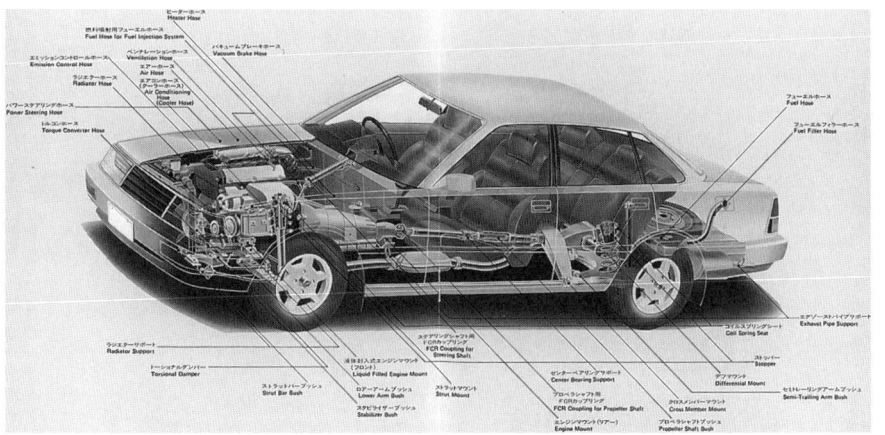

図1.1 自動車に使われているゴム部品（東海ゴム工業㈱提供）

1.3 ゴム製品代表選手紹介

1.3.1 タイヤ

　代表選手の一番には使用量で飛び抜けているタイヤをあげるべきでしょう．自動車には乗用車，バス，トラック，レーシングカーなど多くの種類があります．当然それぞれにマッチするタイヤは異なります．車種だけでなく道路状況によっても使われるタイヤは異なります．乗る人の好みに合わせたタイヤも作られています．タイヤの種類をざっと数えると優に1000種類を超えます．もちろん同じ種類でもメーカーによってトレッドパターンなど少しずつ特徴がありますから，厳密に数えようとするともう大変です．

　本書では我々に最も身近な乗用車用ラジアルタイヤをとりあげます．**図1.2**にその構造と各部が主に担っている役割を示します．

1.3.2 自動車用防振ゴム

　ひと口に防振ゴムといってもこれまた多くの種類があります．車の室内へ伝わってくる振動・騒音には道路から来るもの，走行中のエンジンの振動によるものなど，発生する場所と伝わり方はいろいろだからです．防振ゴムの代表選

4   第1章　ゴム技術ことはじめ

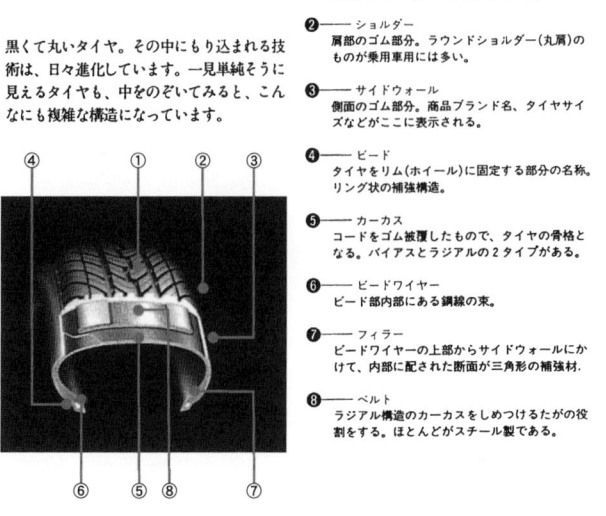

複雑なタイヤのしくみ

黒くて丸いタイヤ。その中にもり込まれる技術は、日々進化しています。一見単純そうに見えるタイヤも、中をのぞいてみると、こんなにも複雑な構造になっています。

❶──トレッド
路面と接触する部分。厚いゴム層である。表面にはトレッドパターンが刻まれている。

❷──ショルダー
肩部のゴム部分。ラウンドショルダー（丸肩）のものが乗用車用には多い。

❸──サイドウォール
側面のゴム部分。商品ブランド名、タイヤサイズなどがここに表示される。

❹──ビード
タイヤをリム（ホイール）に固定する部分の名称。リング状の補強構造。

❺──カーカス
コードをゴム被覆したもので、タイヤの骨格となる。バイアスとラジアルの2タイプがある。

❻──ビードワイヤー
ビード部内部にある鋼線の束。

❼──フィラー
ビードワイヤーの上部からサイドウォールにかけて、内部に配された断面が三角形の補強材.

❽──ベルト
ラジアル構造のカーカスをしめつけるたがの役割をする。ほとんどがスチール製である。

図1.2　乗用車用ラジアルタイヤの構造（横浜ゴム㈱提供）

手には封入タイプのエンジンマウントを選びます．これはエンジンの振動・騒音が車体に伝わるのを防ぎます．

1.3.3　自動車用ホース

ホースはガソリンをタンクからエンジンへ送ったり，エアコン用冷媒を循環させたり，あるいは圧力を伝達したりといろいろな目的で使われています．ここではエンジン近くに取り付けられる燃料ホースを代表選手に選びます．燃料ホースは内面に耐ガソリン性，外側に耐熱性が求められまた内面圧力もかかるため設計も難しいものです．

1.3.4　輪ゴム

日常最も身近に見るゴム製品です．原料は天然ゴムがほとんどで，最も古くから使われているゴム製品の一つです．文房具コーナーにいくとカラフルな輪ゴムが勢ぞろいしています．

1.3 ゴム製品代表選手紹介　5

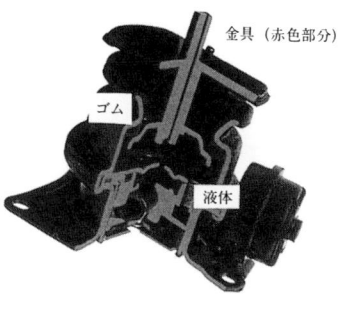
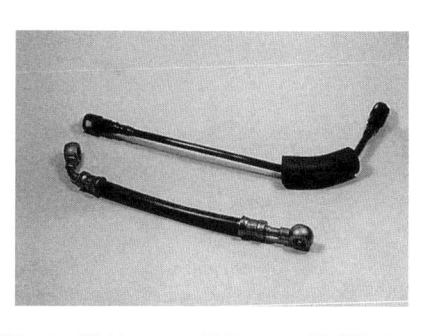

図1.3　自動車用液封入エンジンマウント断面図および燃料ホース（東海ゴム工業㈱提供）

1.3.5　ゴルフボール

　ゴムは皆さんが楽しまれるスポーツやレジャーのお役にも立っています．テニスやサッカーなどボールの材料としてゴムは欠かせません．テニスコートや人工芝にもゴムは使われます．スポーツ分野では，若者から中高年まで広い世代で人気のスポーツであるゴルフに注目し"ゴルフボール"を代表選手とします．飛距離を出すにはゴムの力が不可欠です．

1.3.6　シーラント

　建物を建てるときに，どうしてもどこかに隙間ができてしまいます．寸分の隙間もできないように設計をすると建設コストは大幅に上昇するでしょう．また建材寸法の季節変動を吸収するところが必要です．隙間を埋め，寸法の季節

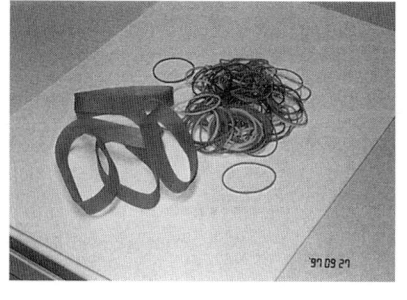

図1.4　いろいろな輪ゴム

図1.5　スポーツ分野で活躍するゴルフボール（（株）ブリヂストン提供）

6   第1章　ゴム技術ことはじめ

変化に対応するのに柔らかくて弾性に富んだゴム製シーラントが使われています．シーラントは地震などで建てものがゆがんだときにそのひずみでガラスが破壊するのを防止するのにも有効です．タイルとタイルの継ぎ目（目地）にも使われるので目地材とよぶ場合もあります．柔らかくて大きく伸び縮みするゴムならではの特性を生かした製品といえます．

1.4　本書の構成

1.4.1　ゴムの基本的性質

　ゴムならではの特性はなに？　と質問されたら迷うことなく次の3点を挙げることができるでしょう．
① 大きく伸び縮みする．
② 柔らかい．
③ 弾性に富む．
　第2〜4章では，なぜこのような独特の性質が発現するのかを分子のレベルまでのぞき込んで考えます．1930年代にすでに巨大分子モデルが提案されています（図1.6）が，コンピューターシミュレーション技術が進歩している現在はどこまでわかっているのでしょう．最新技術にも迫ってみたいと考えています．また金属材料など他の素材と比較することでゴム独自の特性をきわ立たせたいと計画しています．

図1.6　Dr. Werner Kuhn の統計的計算結果より導かれた巨大分子模型

1.4 本書の構成　　7

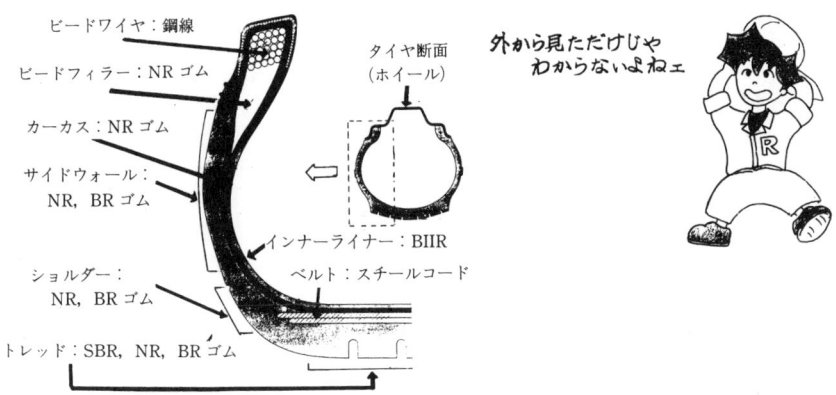

図1.7　乗用車タイヤに使われる材料

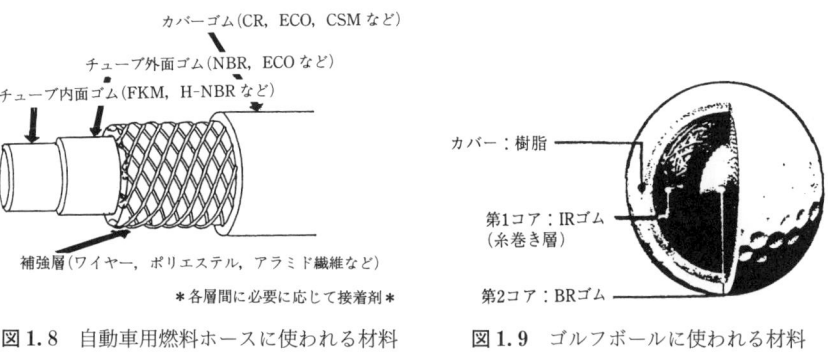

図1.8　自動車用燃料ホースに使われる材料　　図1.9　ゴルフボールに使われる材料

1.4.2　材料

　ゴム製品の大半は金属や繊維などと複合されて作られています．もちろんゴム単体で使われるものもあります．**図1.7～1.9**に代表選手に使われている材料の一例を大まかに示します．

　ここでゴムコンパウンドについて少し詳しく見てみましょう．

　通常"ゴム"と簡単にいっているものは生ゴム（ポリマー）と数種類の配合材料を練り合わせた後，熱と圧力を加え架橋させたものです．つまりゴムそれ自体が複合材料（コンパウンド）なのです．ゴムの性能はコンパウンドを構成

8   第1章　ゴム技術ことはじめ

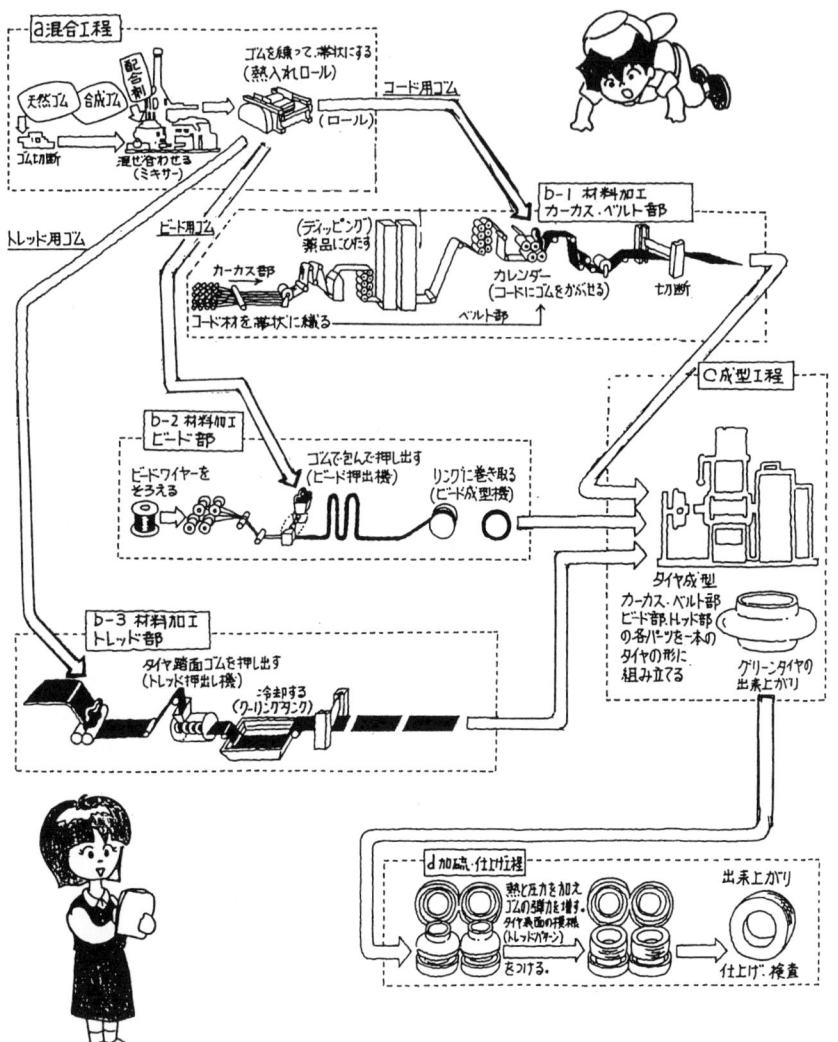

図1.10　タイヤができるまで（横浜ゴム㈱提供）

する材料の選び方によって驚くほど大きく変化します.

ゴム製品に使われる材料について,またゴムコンパウンドに使われる材料について第5〜8章で整理して紹介します.

1.4.3　ゴムの加工

先にゴムはそれ自体が複合材料であると述べました.また,ゴムが単体で使われることは極めてまれです.加工工程を見るとまず,ゴムコンパウンドを作るためにいくつかの材料を混ぜる工程(混練)があります.それから他の材料と組み合わせ,製品により近い形に整えられる工程(成型),そしてゴムを架橋させることにより3次元のネットワークをつくる,いわばゴムに命を吹き込むともいえる工程(加硫)があります.多くの場合,加硫と同時に金具や繊維など異種材料と加硫接着されます.最後に仕上げをし,検査の後に出荷されます.図1.10にタイヤができるまでの主要な工程を示します.タイヤは数多いゴム製品の中で最も工程が複雑なものの代表といえます.これらのなかの基本的な工程を絞って紹介し,そこでゴムがどのような挙動をとっているのか,すでにわかっていることとまだ謎に包まれていることとを整理しながら第9〜11章で解説します.

1.4.4　ゴムの試験

架橋ゴムおよび未加硫ゴムの試験について第12および第13章で解説します.

参考文献
1)　呉祐吉：ゴム 201, 4 (1957)

第2章　ゴムを分子から見てみよう

2.1　ゴムをミクロに見てみよう

　何事もまずじっくりと見ることが大切です．原料ゴムの分子は肉眼では見えませんが，先輩科学者の多くの研究から，ゴム特性の基本はその分子運動性にあることがわかっています．

　大きく伸び縮みする，柔らかい，よく弾むというゴムの基本性能の元をなすゴムの分子運動性をじっくり見てみましょう．第1章でもふれましたが，ゴムは力が加わっていないときには図2.1(a)のように曲がりくねったランダムな形態をとっています（モデル的に詳細を図2.1(b)に示す）．これはゴム分子鎖が激しい運動をしているためです．ある瞬間，ゴム分子が図(b)のような形態をとったとすると，この形態の保持時間は 10^{-10}〜10^{-11} 秒程度で，次の瞬間には例えば図(b)のように C_2-C_3 軸の回転で C_4 原子が点線上を動き回ります．この動きは分子鎖上のあちこちでランダムに起こり，分子鎖の曲がりくねりが生じます．

　イメージとしては運動場で元気いっぱいの小学生が両手をつないで列を作っている状況と似ています．子供たちが少しもじっとせず，めまぐるしく動き回っている様子を想像して下さい．

2.2　「伸び縮みする」製品例：輪ゴム

　ご存知のように輪ゴムは簡単な製品ですが，いろいろなものを傷をつけずに束ねたり，包み込んだりするのに使い，生活の隅々に浸透して日常生活に欠かすことのできない製品となっています．輪ゴムの特長は「大きく伸びて，しっ

2.2 「伸び縮みする」製品例：輪ゴム　　11

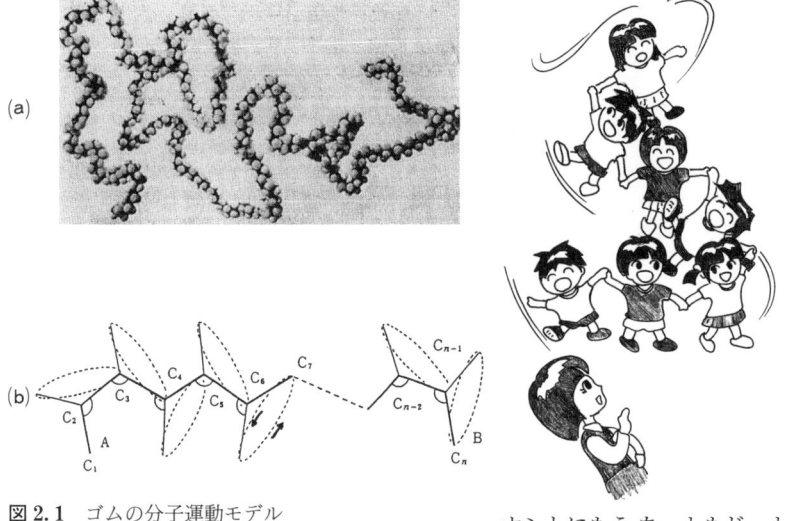

図 2.1　ゴムの分子運動モデル
1934 年 Dr. Kuhn が提唱した溶液中の巨大分子模型

ホントにもう, ちっともじっとして
いないんだから….

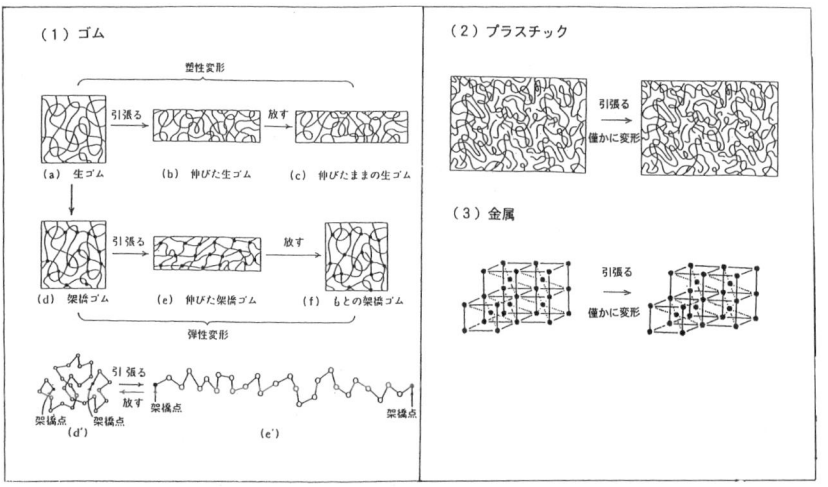

図 2.2　伸長時のモデル：ゴム, プラスチック, 金属（「ゴム技術の基礎」日本ゴム協会編より）

かり戻る」ことに尽きます．この特長はどこから来るのか，分子モデルで見てみましょう（**図2.2**）．輪ゴムの原料は天然ゴムがほとんどですが，話を簡単にするためここでは合成ゴムの一種であるブタジエンゴム（BR）で説明します．BRの生ゴム(a)を引っ張るとグーンと伸びます．そこでそのまま手を放すと，BRは伸びたままで元に戻りません(c)．力が加わって変形し，元に戻らなくなった分を塑性変形とよびます．

一方，このゴムに硫黄を配合し熱と圧力を加えると，ゴム分子鎖間に橋架け（架橋という）が生じます（d）．架橋により分子どうしの要所要所が化学的に結合されたゴムは，小さな力で大きく変形し，手を放すと伸びた分子鎖が元に戻るようになります（f）．これを弾性変形とよびます．厳密には架橋ゴムでも変形条件によって少し塑性変形します．輪ゴムが伸び縮みしているのを1本のポリマー鎖で見ると（d'）→（e'）で表すことができます．

一方プラスチックや繊維などの高分子材料は常温でガラス状態にあり分子運動が凍結されています．これを引っ張ると，少し変形させるのにも大きな力が必要で，弾性変形する変形率は非常に小さく，ゴムとはずいぶん様子が違います．鉄の場合**図2.2**に示すように原子が格子に拘束されているため運動が困難でわずかな変形しかできないといえます．

つまりゴムが常温で大きく伸びるのはいくつもの炭素原子がつながってできた鎖のC-C結合周りの回転による，といえるのです．

ゴムの変形挙動を最新のコンピューターシミュレーションでグラフィック化したものを**図2.3**および**図2.4**に示します．それぞれ未架橋ゴムと架橋ゴムの(a) 未伸長（自由）状態および (b) 伸長状態を示しています．

2.3 「柔らかい」製品例：建築用シーラント

建築用シーラントは建物の主流をなすセメントや金属など硬質材料の隙間を埋める材料として広く使われています．建物の干渉を防ぎ，防水機能を付与する素材としてなくてはならないものです．要求特性は「柔らかくて，弾性に富む」こと．このようなゴムの柔らかいという特徴がどの程度のものか知るために，応力-ひずみ曲線で他の材料と比較してみましょう（**図2.5**）．金属や樹脂と比較してゴムが桁違いに柔らかく，伸びが大きいことがわかります．これは

2.3 「柔らかい」製品例：建築用シーラント　　13

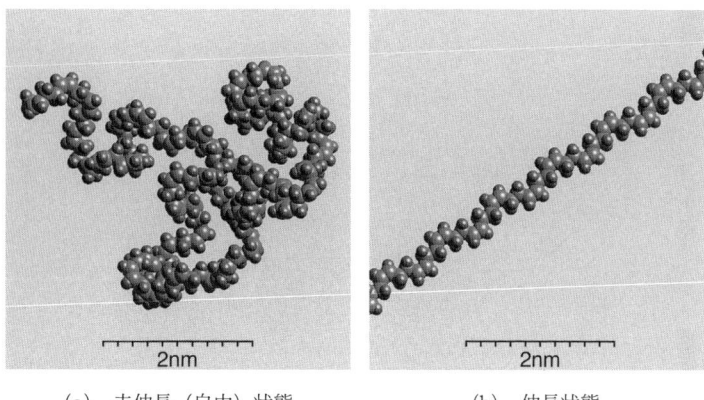

(a) 未伸長（自由）状態　　　　　　　(b) 伸長状態

図 2.3 未架橋シス BR*⁾ の形態
紫：炭素原子，灰色：水素原子，300 K（27 ℃），重合度 50（n＝50），(㈱豊田中央研究所提供)
（色はカバー参照）

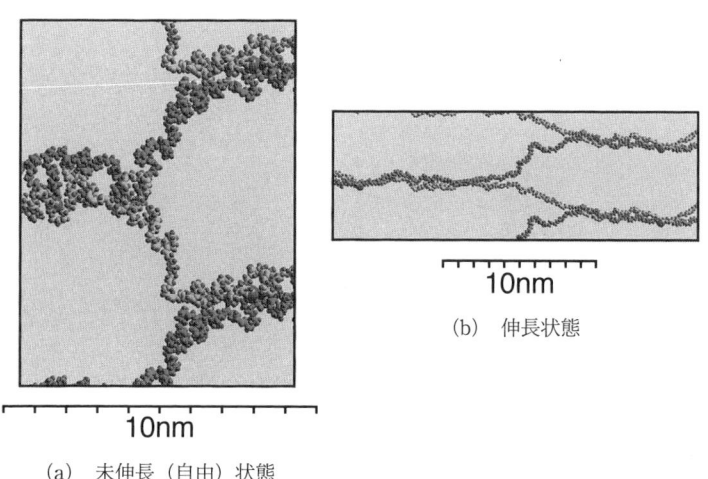

(b) 伸長状態

(a) 未伸長（自由）状態

図 2.4 架橋シス BR の形態
赤：架橋点，紫・緑：炭素原子，灰色：水素原子，300 K（27 ℃），重合度 50，n＝50 に対し
て 1 個の架橋点．(㈱豊田中央研究所提供)（色はカバー参照）

──────────────

＊）シス-1, 4-ポリブタジエン．2 置換ビニル化合物 X－CH＝CH－Y において X と Y が二
　　重結合の同じ側にある構造をシス構造という．トランス構造（X と Y が反対側にある）
　　と対比される．

14   第2章　ゴムを分子から見てみよう

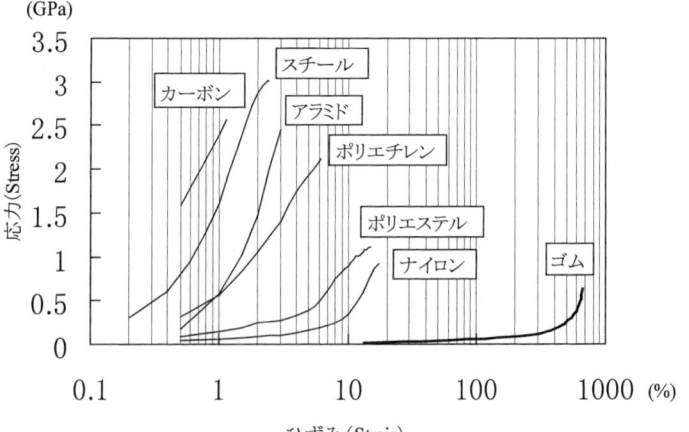

図2.5　各種材料のS-S（応力-ひずみ）特性
日本ゴム協会 '97 年次大会研究報告「防舷材の衝撃吸収特性について」横浜ゴム㈱鈴木恒夫より引用.

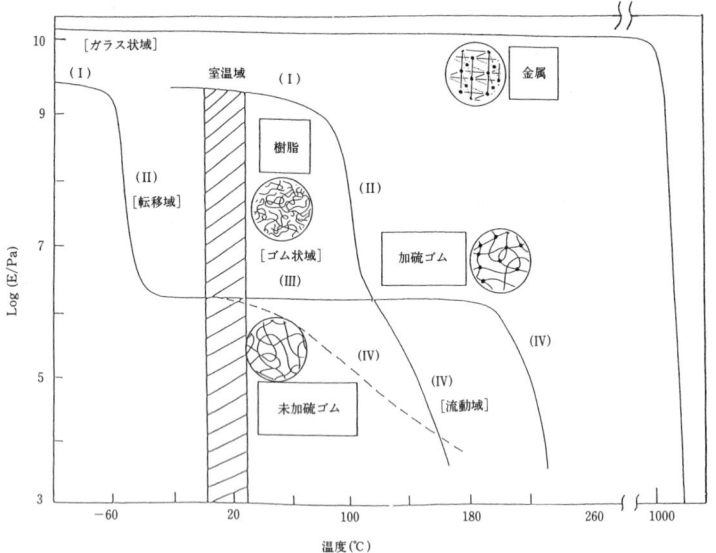

図2.6　各種材料の弾性率の温度依存性（－80～1000 ℃）
ゴムの弾性率変化を他材料と比較し示す.

他の材料にはない，まさにゴムだけの特徴です．そしてこの性質はある限られた温度範囲で発現します．

図2.6にゴムの弾性率の温度依存性を示します．私たちが生活している室温域で，ゴムは図2.1，2.3，2.4で見たように活発な運動状態（ゴム状態という）にあり，変形に容易に追従できるので柔らかい性質をもつといえます．これに対してプラスチックや繊維では室温で分子運動が凍結された状態（ガラス状態という）にあり，変形に追従できないため硬い性質となります．ゴムも分子運動が凍結されるほどの低温になるとプラスチックと同様に硬い性質に変わります．

一方，プラスチックは温度が上がるにつれ分子の運動が活発になり，ゴム状から溶融状態へ変化して柔らかくなります．

2.4 「弾性に富む」製品例：ゴルフボール

ゴルフボールの使命はできるだけ遠くへ飛ぶことにあるといえます．ボールをロボットが打ったまさにその瞬間とボールがクラブヘッドから離れた直後の様子を図2.7に示します．打った瞬間，ボールは大きく変形していますが，クラブを離れたとたん，元通りの球形に戻っているのがわかります．この間数千分の1秒．この回復力がまさに「ゴムの弾性」であり，その程度は中心部に使われているゴムの性質によります．弾性を支配している要因について図2.8の分子モデルで考察してみましょう．

ゴムの分子運動は先にも述べたようにポリマー鎖中のC-C結合が連鎖的に回転運動をしていることによりますが，この回転運動のしやすさは骨格の炭素原子にぶらさがった側鎖とよばれる原子団の大きさ（嵩高さ）に大きく依存し

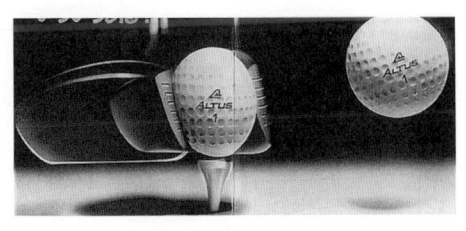

図2.7　ゴルフボールショットの瞬間とその後（㈱ブリヂストン提供）

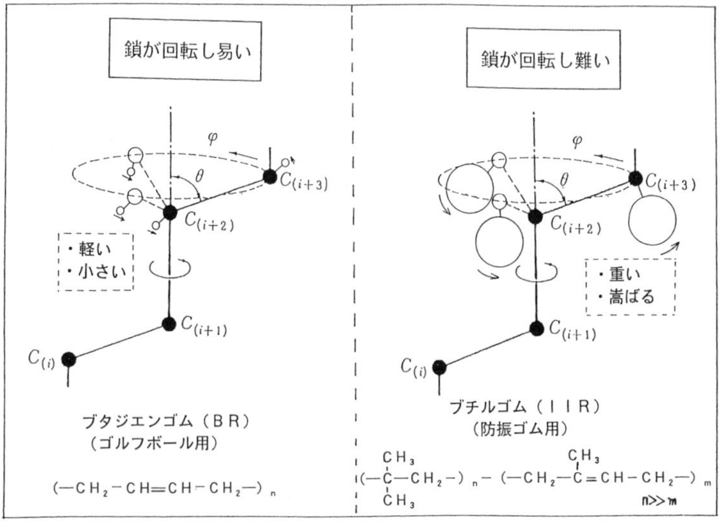

16　　第2章　ゴムを分子から見てみよう

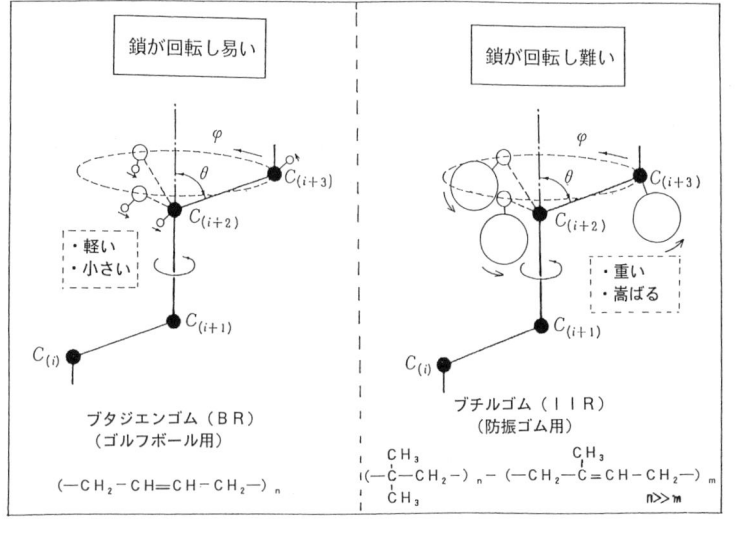

図2.8　ゴム分子側鎖構造と回転運動のしやすさ

BR のイメージ

IIR のイメージ

ます．つまり，側鎖に軽くて小さい原子団のついたゴムは回転しやすく，回復力に極めて優れたゴムとなります．ブタジエンゴム (BR) は最も小さくて軽い水素原子が主鎖の炭素に結合しています．ゴムの中で最も優れた回転性能，すなわち回復力を有するので，最近のゴルフボールには BR が多く使われています．

　これとは反対に，ブチルゴム (IIR) は側鎖にメチル基2個 $(CH_3)_2$ という重くて大きい原子団をもっています．BR がランドセルを背負った子供たちだけ

のつながりとすると，IIR は友達 2 人をひもで腰にしばり付けられた子供が身軽な子供と交互に手をつないでいるといえます．運動しようとすると周囲との摩擦により大きなエネルギーロスが生じます．当然全体の動きはにぶくなり，回転運動は遅くなります．しかしこの性質は外から加わる衝撃や振動を内部で熱エネルギーに変換してしまう機能となります．つまり外から入ってくるエネルギーを内部で吸収してしまうことができるのです．IIR はタイヤや防振ゴムなどに広く活用されています．

　次章はゴムの基本特性を S–S 特性に着目して考えていきます．

第3章　ゴム特性をマクロに見てみよう

3.1　ゴムの機械的性質をマクロにみてみよう

　第2章では，ゴムの性質を分子の大きさまで小さくなってミクロにみてみました．本章では，ゴムの機械的性質について着目します．一般的に，材料の性質をみるときには，引っ張ったり，圧縮したり，曲げたりしてみています．早速，ゴムを引っ張ってその機械的性質をみてみましょう．

　図3.1は，ゴム試料を引っ張ったときのモデル図です．左側がマクロにみたときのモデルで右側がミクロにみたモデルです．外力 P で引っ張ったとき，ゴム試料の伸びを δ とします．このときゴム試料内部に応力（ストレス）とひず

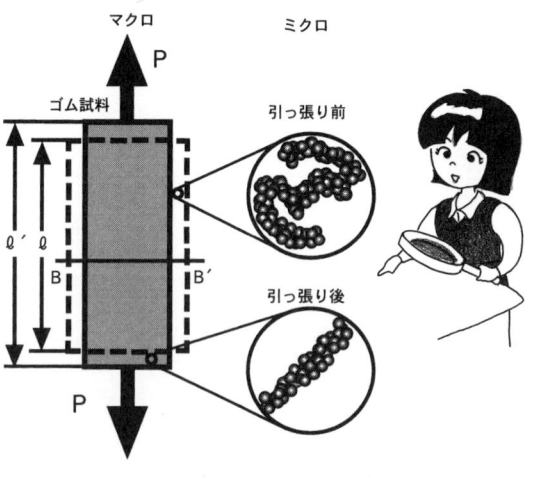

図3.1　引張力 P を受けるゴム試料の変形

み（ストレイン）が発生します．これは，人間に精神的圧力（プレッシャー）などの外力が加わるとストレス（応力）が生じて体の内部に変化（ひずみ）が生じるのと同じです．普通，人の能力や性質を判断して仕事が与えられます．ゴム材料も外力によって生じる応力とひずみから，材料の性質を判断してその用途が決められています．これが材料の機械的な性質の見方であり，マクロ的な見方になります．

応力 σ は，外力 P をゴム試料の初期断面積 A（B-B' 断面）で除した値で次式で表します．

$$\sigma = P/A \tag{1}$$

ひずみ ε は，伸び[*] $\delta = l' - l$ をもとの長さで除した値で次式で表します．

$$\varepsilon = \delta/l \tag{2}$$

応力とひずみの関係を表したのが図 3.2 です．原点 O における立ち上がり勾配 E は，弾性率とかモジュラスとよばれ，式で表すと

$$E = \sigma/\varepsilon \tag{3}$$

となります．

図 3.2 に，ゴム材料の引張応力（stress）とひずみ（strain）の関係を示します．この曲線は，応力とひずみの英語の頭文字をとって，S-S 曲線とか S-S カーブとよばれています．材料の S-S 曲線から，その材料の機械的性質をとらえることができます．この図で，×印は，その材料の破断を示していて，この材料の破壊限界です．したがって，この図をみると，材料の使用できる限界とか，ここまで引っ張るとこれだけ伸びるとかがわかることになります．この S-S 曲線を参考にして，最適と思われるゴム材料が選ばれ，製品が設計される場合もあります．

ゴム材料の開発において，配合をいろいろ変えて求めた S-S 曲線から，製品の使用条件に適合するものを見いだすことが行われています．ゴムの性質は，材料条件としてゴムの種類，架橋状態，補強状態，充てん剤などによって変わり，使用条件として温度や引張速度などによって変わります．さらに環境条件として酸素，オゾン，光，温度，湿度などによっても変化するので，ゴムはデ

───────────────

[*] 伸びは，ゴム技術者においては，材料の元の長さに対する伸びた長さの比の百分率をいいます．本書では，材料力学で定義されている一般的な記述としました．

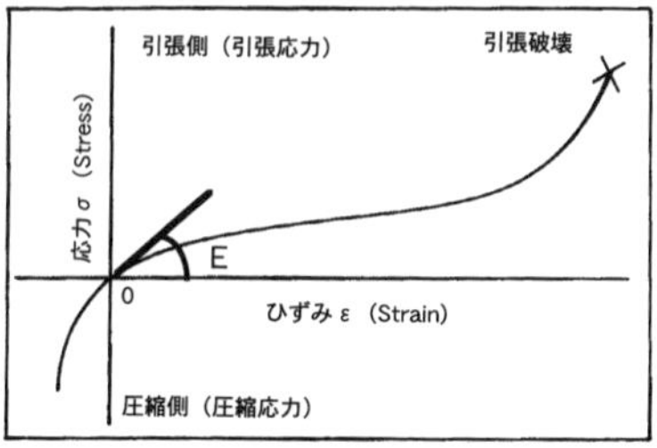

20 第3章 ゴム特性をマクロに見てみよう

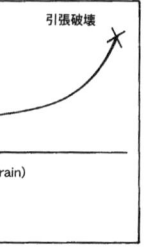

図 3.2 S–S 曲線

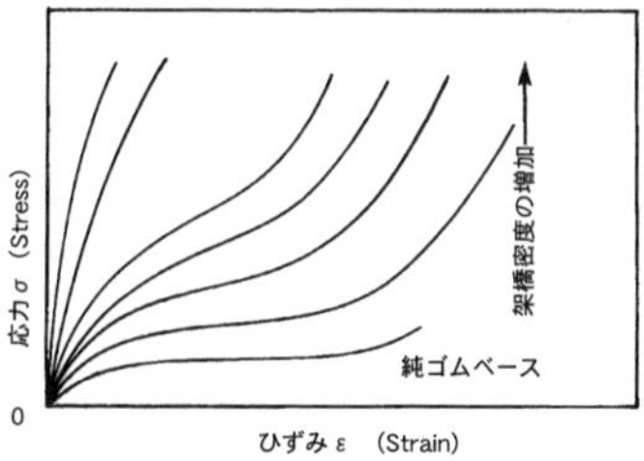

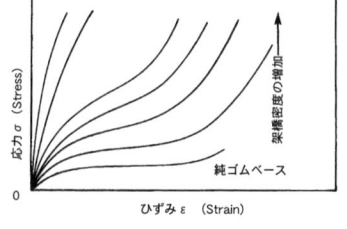

図 3.3 架橋と S–S 曲線

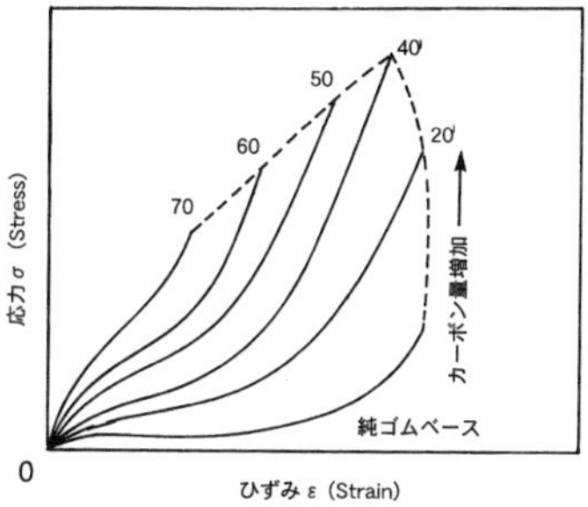

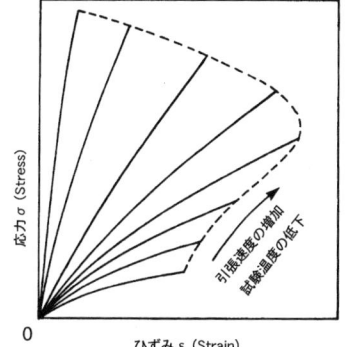

図 3.4 カーボンと S–S 曲線

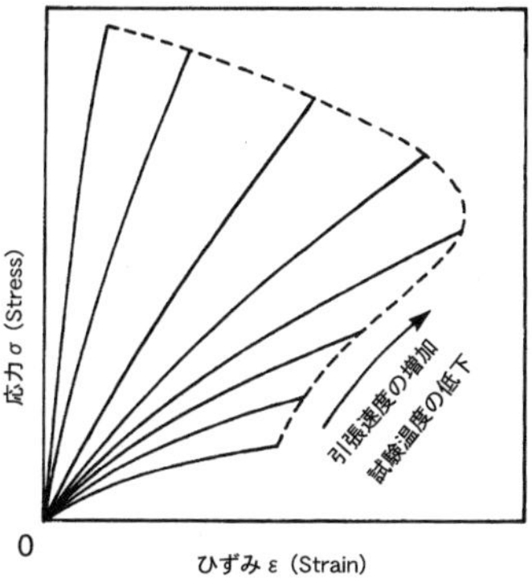

図 3.5 引張速度および試験温度と S–S 曲線

リケートな性質をもつ材料といえます．

　ここでは，S–S 曲線を用いてゴム材料の機械的性質をみることにします．

3.2 ゴム材料の S–S 曲線

3.2.1 材料条件

(1) 架橋密度と S–S 曲線

　図 3.3 は，架橋密度を変えたときの S–S 曲線を示しています．この図から架橋密度が増加するのにしたがって，S–S 曲線は早く立ち上がることがわかります．立ち上がりの度合いは，材料の変形のしにくさを表し，急な立ち上がりをもつ材料は変形しにくい硬い性質をもちます．架橋密度を増加させると硬い性質になることがわかります．例えば，天然ゴムに硫黄を 30 phr 以上加え，架橋

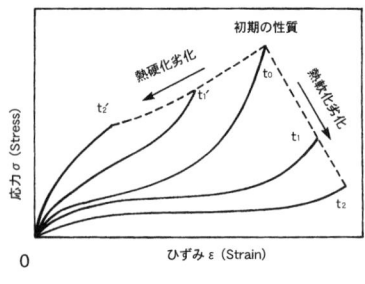

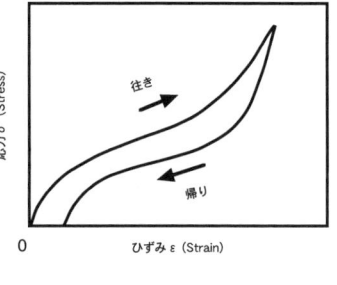

図3.6　劣化とS-S曲線　　　　　図3.7　ゴムのヒステリシス

密度を増加させるとエボナイトになり，樹脂状に硬くなります．

(2)　カーボンブラック量とS-S曲線

図3.4は，カーボンブラック量を変化させたときのS-S曲線を示していま
す．この図から，カーボンブラック量が増えると急な立ち上がりになって，ゴ
ム材料が硬い性質になっていくことがわかります．

3.2.2　使用条件

(1)　引張速度とS-S曲線

図3.5に示すように，同じゴムでも引っ張る速度を早くするとS-S曲線は
早く立ち上がってきて，ゆっくり引っ張ったときと比べて硬い材料のような性
質を示します．このように，同じ材料であっても，引っ張るときの速度で材料の
性質が変わるので，使用する条件で材料を設計することが重要になるわけです．

(2)　温度とS-S曲線

前述の図3.5に示すように，同じゴムでも温度を下げるとS-S曲線は早く
立ち上がってきて，高温のときと比べて硬い材料のような性質を示します．こ
れは，ゴムの引張速度を早くしたときと同じ性質になります．

3.2.3　環境条件

ゴムが，光やオゾンなどで環境劣化した後のS-S曲線について考えてみま
しょう．図3.6はt_0, t_1, t_2のように時間が経過したあとのS-S曲線を示してい
ます．この図に示したように，劣化によって柔らかい性質に変わるものを軟化
劣化といい，硬くなるものを硬化劣化といいます．

22 第3章　ゴム特性をマクロに見てみよう

ゴムは，環境条件によってこのどちらかに劣化します．一般に天然ゴムは熱軟化劣化，SBR は熱硬化劣化します．

3.3　ゴムのヒステリシス

ゴムに応力を与えて大きなひずみを生じさせ，その後ゆっくりと応力を取り除くと，図3.7 に示すように，ひずみと応力の関係が往きと帰りで異なります．往きと帰りで同じひずみが発生していても帰りの応力が小さくなります．同じひずみ状態でも，往きの応力と帰りの応力が異なるとき，このような現象をヒステリシスといいます．応力がゼロになっても残ってしまうひずみを永久ひずみといいます．応力をゼロにしたときにひずみもゼロになれば弾性変形といい，応力をゼロにしてもひずみが永久に残るときは塑性変形といいます．

3.4　ゴムの粘弾性

ゴムは，粘弾性体なので弾性と粘性を同時にもっています．ここで，ゴムの粘弾性について考えましょう．

粘弾性を説明するのに，図3.8 に示すように，スプリングとダッシュポット

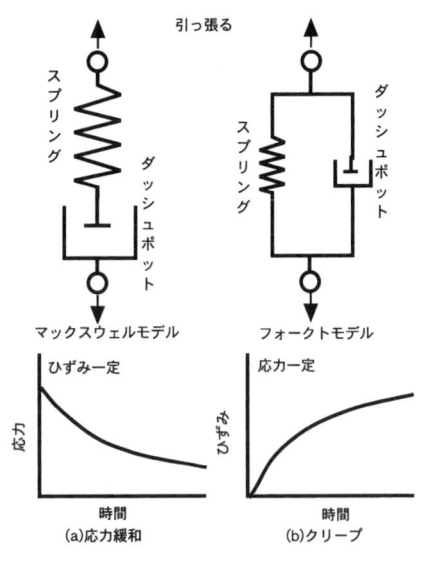

図3.8　応力緩和とクリープ

を組み合わせたモデルが用いられます．スプリングが弾性を表して，外力に応じて瞬時に伸縮することを表現しています．ダッシュポットは粘性を表し，時間とともにゆっくりとひずみが変化することを表現しています．したがって，粘弾性体では，外力を除去してもひずみがすぐにはなくならずゆっくりもとにもどります．

このような，粘弾性の特徴的現象である応力緩和とクリープ現象についてみてみましょう．

(1) **応力緩和（図 3.8 a）**

ゴム材料にひずみを与え，そのひずみを一定に保持して応力の時間変化をみると，徐々に応力が減少します．これを応力緩和といいます．応力緩和を説明するのに，Maxwell Model が用いられます．

(2) **クリープ（図 3.8 b）**

ゴム材料に応力を与え，その応力を一定に保持してひずみの変化をみると，徐々にひずみが大きくなります．これをクリープといいます．クリープを説明するのに Voigt Model が用いられます．

3.5 S–S 曲線と製品設計

これまでは，S–S 曲線によってゴム材料の機械的性質をみてきました．そこではいろいろな条件によって S–S 曲線が変化し，ゴム材料の性質が変化することをみてきました．

次に，製品を設計するために要求されるゴムの性質を S–S 曲線からみつける方法について説明しましょう．

(1) **材料の性能と寿命**

ゴム材料の使用の初めから壊れるまでの寿命を作用応力／破壊応力分布と時間の関係で考えてみましょう．破壊応力というのは，その応力で使用したとき，ゴム材料が破壊してしまう応力のことです．図 3.9 は，繰り返し作用する応力の分布とゴムの破壊応力分布を示しています．時間がほとんど経過していない場合は，そのゴムの強度は大きく，繰り返し応力が作用しても破壊応力の分布には達しません．時間とともに，ゴム材料が劣化し，許容できる応力が小さくなってきます．作用応力分布と経時的に低下した破壊応力分布が重なり合うよ

24   第3章　ゴム特性をマクロに見てみよう

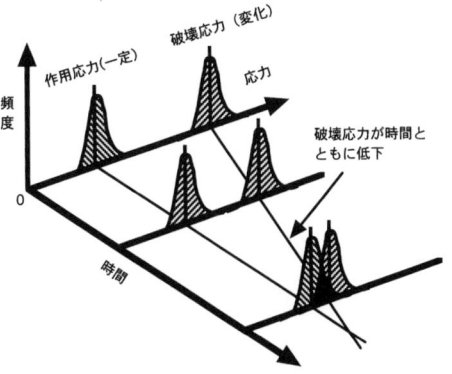

図3.9　劣化による破壊応力の低下

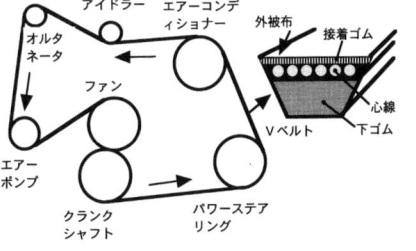

図3.10　自動車用Vベルトの使用例

うになると，ゴム材料のいくつかが壊れ，寿命がくることになります．このように，ゴム材料の作用応力と破壊応力の関係から，ゴム材料の耐久性が与えられることになります．ここでは，破壊という見方で寿命をみましたが，壊れなくても性能が低下して役に立たない場合も寿命になります．

(2)　材料の疲労性

　ゴム材料が繰り返し応力を受けることによって，破壊することがあります．これを疲労破壊といいます．例えば，針金を何回も曲げると最後には折れるのと同じです．図3.10に，自動車に用いられているVベルトの使用例を示します．この図に示されるように，ベルトは凸や凹に繰り返し曲げられています．このベルトの応力状態は，全体的にはあるテンションで引っ張られて巻きついているので引張応力を受けています．リングやプーリーの部分では，曲げられていますから，ベルト表面では，曲げられた内側は圧縮状態になり，その外側

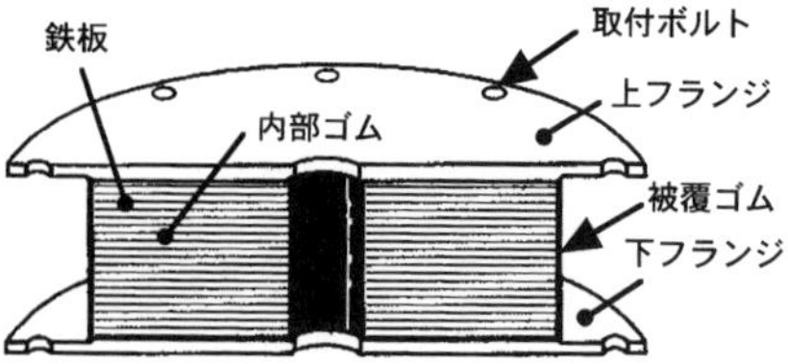

3.5 S-S曲線と製品設計　25

図 3.11 免震ゴムの構造

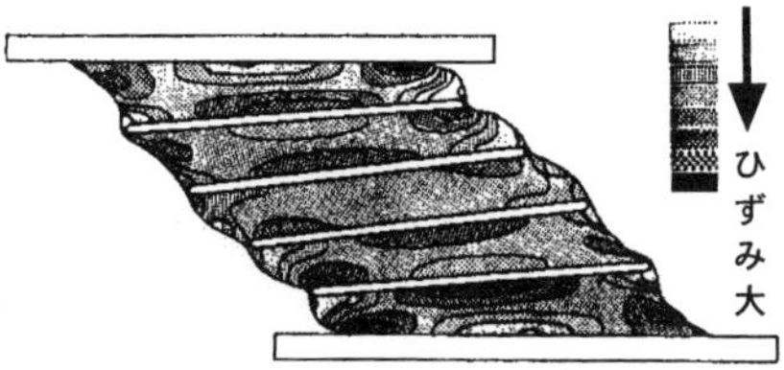

図 3.12 免震ゴムの変形とひずみ状態（大変形 FEM）

では引っ張り状態になります。このようにベルトは繰り返し引っ張りと圧縮応力を受けています。耐疲労性を向上させるには，初期に破壊応力が大きいゴム材料を選択し，劣化しにくい材料の設計が重要です。

(3) 材料の耐応力緩和・クリープ性

応力緩和・クリープ性は，免震ゴムやシール・パッキンなどのように，一定の応力が最初から最後まで作用しているものにとって大変重要な性能になります。この性能が低下すると異常に変形したり破壊したりします。**図 3.11** に，高荷重で使用される免震ゴムの例を示します。**図 3.12**[1] は，免震ゴムの大変形時のひずみ状態を示しています。免震ゴムは，地震時の振動を和らげ建物を保護するものです。免震ゴムの場合クリープが生じて異常に変形すると，建物が傾いてしまうので耐圧縮クリープ性が要求されます。

参考文献

1) 日本複合材料学会編：「エラストマー系複合材料を知る事典」（アグネ承風社，1988）p. 148

第4章　ゴムの応力-ひずみ特性解明アプローチ

4.1　ゴムの機械的性質を理論的にみてみよう

　第2章で，ゴムの性質をミクロにみました．また第3章では，マクロにみてみました．なんといってもゴムの特徴は引っ張られたときよく伸びることです．これまでの内容から，マクロな引っ張りに対してゴム試料中のミクロな分子がどのように形を変えて対応しているかよくわかっていただけたかと思います．本章では，マクロなストレスとストレインの関係がどのように決まるのかを理論的に追究した研究を4件，それぞれのポイントだけを簡単に紹介します．興味をもち，さらに詳しく知りたいという読者のために，参考文献を引用しておきます．少し堅苦しくなりますが，まず4件の名前と研究者を次に挙げます．

　　a）重畳原理（Boltzmann）[1]
　　b）統計力学（Kuhn）[2]
　　c）ひずみエネルギー関数（Mooney-Rivlin）[3]
　　d）逆ランジュバン関数（Treloar）[4]

このうち，Kuhn の統計力学と Treloar の逆ランジュバン関数はミクロにみたモデルを基本とした理論ですが，Boltzmann の重畳原理と Mooney-Rivlin のひずみエネルギー関数はミクロなモデルを考慮していません．

　また，これらの理論と実測した S-S 曲線とよく合う伸びの範囲がそれぞれ違っています．およその適用範囲をひずみ（strain）で示します．

　　a）0〜0.2
　　b）0〜1.0

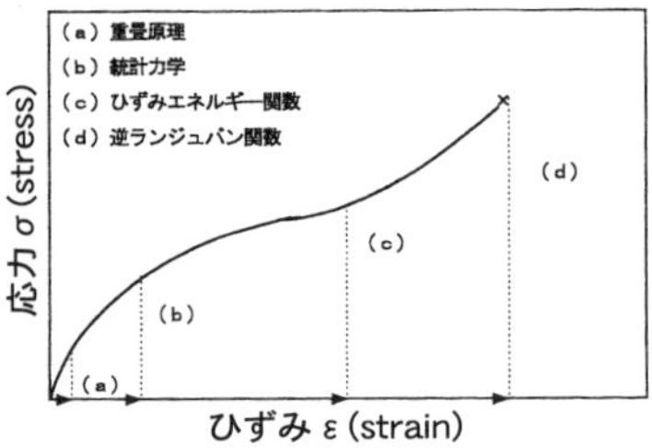

図 4.1　各理論のおよその表現可能範囲

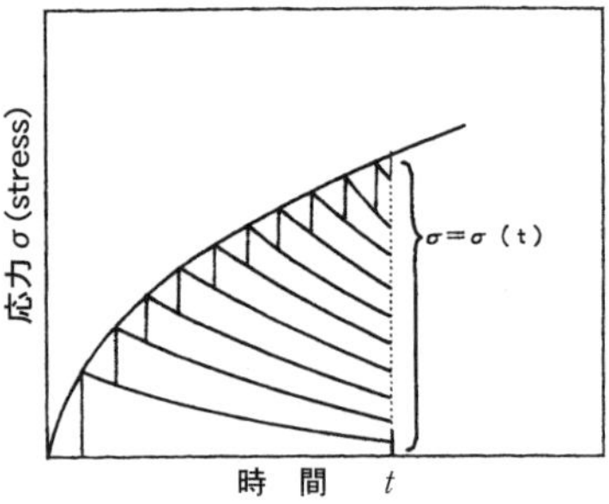

図 4.2　Boltzmann の重畳原理の解説図

c) 0〜3.0

d) 0〜破断ひずみ

a) の範囲が狭いのは，この理論のみがゴム試料を線形粘弾性体として扱っているからです．図 4.1 に，各理論の適用範囲を示しました．もちろんこの範囲は，ゴムの種類や配合によってかなり変わることがあります．

4.2　各理論のポイント

4.2.1　Boltzmann 重畳原理

　この原理のポイントは，応力もひずみも微小な成分の足し合わせであるとみることです．与えられたひずみを微小なステップ状のひずみに分解し，その一つ一つのひずみによって微小なステップ状の応力が次々と生じますが，それらの応力は時間と共にそれぞれ緩和していきます．これらの微小な応力緩和の連続的な累積によって，はじめに与えられたひずみに対する応力の応答が求められると考えるわけです．この応力の緩和はゴムが粘弾性体であることに起因しています．このように文章で書くとたいへんわかりにくいので，図 4.2 にここで述べたことを示します．この微小な緩和応力の総和が，t における応力値になるわけです．この理論のポイントをもう一度復習すると，

(1)　応力値，ひずみ値ともに，微小成分の単純な総和で求まるとしている．

(2)　応力緩和が取り入れられている．

(3)　さらに前節で述べたように，ゴム分子の熱運動によるミクロな形の変化

28 第4章 ゴムの応力-ひずみ特性解明アプローチ

は考えに入っていない.

であり，特に(1)の仮定によって重畳原理と名づけられています．また，この仮定が適用範囲を狭めているといえます．

4.2.2 Kuhn の統計力学

この理論の出発点は，第3章の図3.1に示されているミクロにみたゴム分子の引っ張り前と引っ張り後の形態の変化に着目したことです．2.1節の「ゴムをミクロに見てみよう」で述べたように，ゴム分子は激しく熱運動していて全体の形を自由に変えることができます．ゴム試料にマクロな応力が加えられて引っ張られたとき，ミクロなゴム分子はその変化に対応して分子全体が広がった形をとります．マクロな応力が除去されれば，ミクロな分子は元の縮んだ形に戻ります．このように，マクロな応力の加除に応じてミクロなゴム分子の形が可逆的に伸縮することを，Kuhn は理論の基本にしました．

さて，ゴム試料中に存在するゴム分子の数はそれこそ無限大です．それらが皆同じ形を取っているわけではありません．応力が加わっていないときでも広がった形をとっている分子もあれば，不自然に縮まった分子もあると考えるのが普通です．このような対象を扱うのに威力を発揮するのが統計的手法です．Kuhn（他に Guth, Mark ら）はまず，応力が加わっていない状態のゴム試料中の無数のゴム分子の広がりがどのような分布をしているかを，簡単なモデルを考えて計算しました．その結果，横軸に分子の広がりをとり縦軸に分子の数をとった場合の分布は正規分布，いわゆるガウス分布になることがわかりました．そうすると最も出現頻度の高い広がり，すなわち最大多数のゴム分子がとっている広がりの大きさがわかります．ゴム試料に応力が加われば，最大多数値と広がりの大きさが変わるわけですが，それらの関係は統計熱力学という学問分野ですでにわかっています．この理論のポイントは Kuhn らの功績である，自然状態にあるゴム試料中のゴム分子群の広がりの分布がガウス分布になることを見いだしたことであり，このためにゴム分子鎖のことがガウス鎖とかガウスの網目鎖とかよばれたりするわけです．しかし逆に，このポイントが理論の適用範囲を狭める結果になっています．ゴム試料に応力が加わりゴム分子が広がると，熱運動は広がりに応じて束縛を受けます．そのような束縛がある状態で，

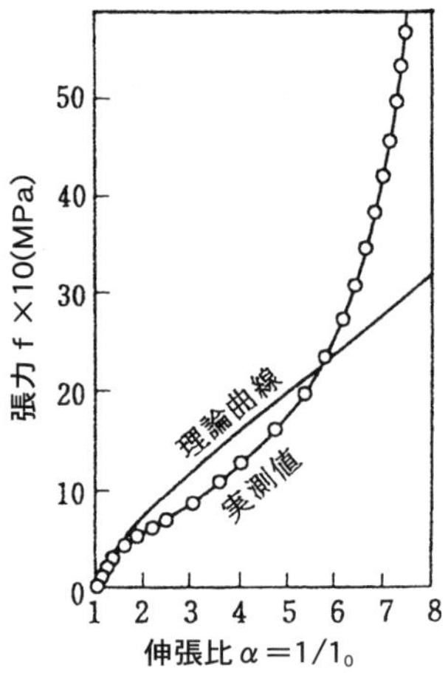

図 4.3 加硫ゴムの張力-伸張比曲線
実測値と理論値の比較[5]

ゴム分子群の広がりの大きさがガウス分布をする保証はないのです.

　もう一つこの理論で重要な仮定があります. それは, ゴム試料のマクロなひずみの大きさと, ゴム分子鎖のミクロなひずみの大きさが同じであるとしていることです. この仮定は, アフィン変形とよばれているもので, 成立が実証されているわけではありませんが, この仮定によって S-S 曲線の式が誘導できているのです. 主にこの二つの事柄が原因となって, Kuhn の理論の適用範囲が狭くなっています. **図 4.3** に適用例を示します. この理論のポイントを復習すると次の二点になります.

(1)　自然状態にあるゴム試料中のゴム分子群の広がりはガウス分布をしている.

(2)　ゴム試料のマクロなひずみの大きさと, ゴム分子鎖のミクロなひずみの大きさを同じであると仮定している.

4.2.3　Mooney-Rivlin のひずみエネルギー関数

　この理論のポイントはまず, ゴムのような大きな変形ができる弾性材料が応力を受けてひずんだとき, ひずみのエネルギーがゴム試料のなかにたまると考えます. これは, 弾性体の定義そのものです. さらにもう一つのポイントは,

ひずみの取り扱いにあります．ほかのどの理論もひずみについては，引っ張りとか圧縮とかいうように一軸上のひずみで考えています．しかし，細長いゴム試料を引っ張ってみればすぐわかりますが，引っ張った方向と直角の方向にも同時にひずみが生じています．引っ張りひずみの大きさに応じて断面積は減っていきます．このような立体的なひずみをどのように取り扱うかという方法は，すでに数学の世界（ベクトルとテンソル）で確立されています．ここでは，これまでと同じにひずみという言葉を使いますが，実際は立体的なひずみを意味しています．

　この理論の三つ目のポイントは，弾性体であるゴム試料がひずんだとき，貯えられるひずみエネルギーをひずみのごく一般的な多項式とし，これをひずみエネルギー関数としたことです．エネルギーから応力を計算するのは容易ですから，ひずみエネルギー関数から応力とひずみの関係，すなわちストレス-ストレインの関係式を導くことは容易です．その際，多項式の第 1 項だけをとった式は Kuhn のゴム弾性の式と一致します．まったく異なる発想と手段で導かれた結果が一致することは，ほんとうに驚きです．

　多項式を第 2 項目までとった式が，Mooney-Rivlin の式です．2 項目までとっているので係数が 2 個ありますが，プロットが直線になるように式を変形して，勾配と切片から 2 個の係数を求めます．これが，Mooney-Rivlin プロットとよばれる操作で，一例を図 4.4 に示します．図の直線部分が式の適用範囲ですが，大変形側で直線からはずれる主な原因は，Moony-Rivlin の式に表われる C_1，C_2 を定数としたことによると考えられています．このように，Mooney-Rivlin の理論はゴム試料が完全弾性体であれば中程度のひずみではよく適合します．この理論のポイントを次に再度列記しておきます．

(1)　ひずみエネルギーは完全にゴム試料中に貯えられる．
(2)　立体的に定義されたひずみ量を用いている．
(3)　ひずみエネルギー関数を，ひずみの一般的な多項式で表した．

4.2.4　Treloar の逆ランジュバン関数

　この理論のポイントは，Kuhn の理論の問題点を解決することに尽きます．Kuhn の問題点は，4.2.2 節に述べたように，分子鎖の広がりが常にガウス分布

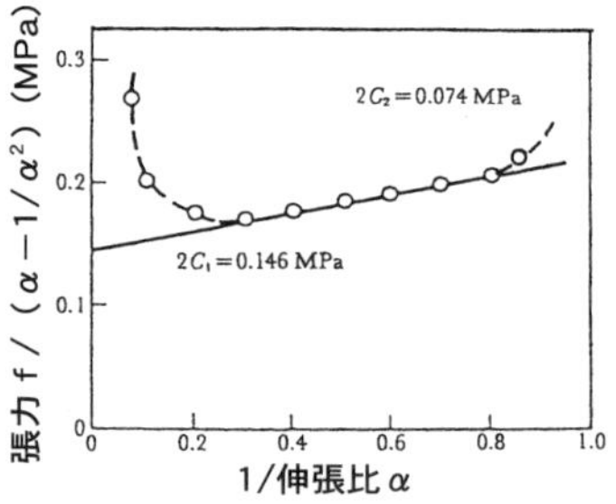

4.2 各理論のポイント　　31

図 **4.4**　Mooney-Rivlin プロットの一例[6]

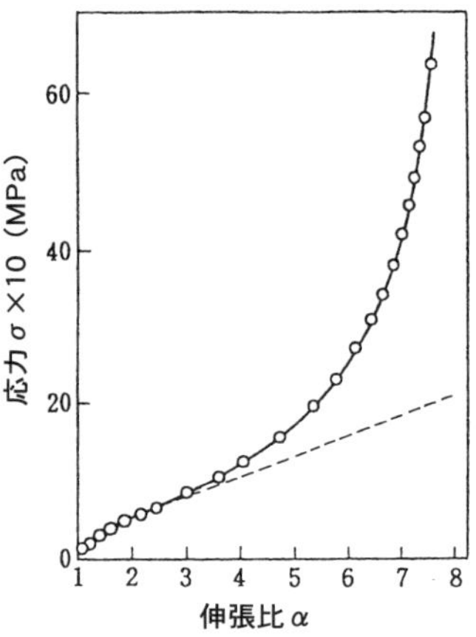

図 **4.5**　逆ランジュバン関数 ($n=75$) 理論（○）と実測（実線）の比較[5]（破線はガウス鎖）

をしていること，およびアフィン変形を仮定していることで，これらは理論が提出されたときから研究者の間で認識されていました．それを解決するような理論を探していた Treloar の目に止まったのがランジュバンの論文でした[6]．ゴムとはまったく異なった分野の理論で，磁場中に散らばった無数の磁気素子の配列の理論的な考察です．磁気素子に作用する力は，磁場の方向に配列しようとする力と，熱運動によって配列を乱そうとする力があり，この二つの力が釣り合う平衡位置に素子は落ち着くことになります．この現象は，例えば次頁のイラストに示すように大勢の子供がプールで泳いでいるとき，先生が正面に立って「皆さん！　こちらを向きなさい！」と叫んだときに似ています．すぐ先生の方に向ける子，泳ぎが下手ですぐに向けない子，まわりの子が邪魔ですぐに向けない子など子供たちはさまざまな方向を向きます．ランジュバンはちょうどこのような状態にある素子群の磁場方向への正射影の長さの平均値を求めました．Treloar は，平均の長さのゴムを n 個に分割したもの，いわゆるセグメントを1個の磁気素子に対応させ，磁場の方向を応力の働く方向に対応させることによって，ランジュバンの理論をゴムのストレス‐ストレインの式に置き換えてしまったのです．これによって，Kuhn の理論の問題点であった応力が加わった状態でも分子鎖の広がりがガウス分布をしているという仮定がな

皆さん！　こちらをむきなさい！

くなり，**図 4.5** に示すように n の値の調節によってほとんど破断に至るまでストレス – ストレイン曲線に対する適用範囲が広がりました．

　以上のように，ゴムのストレス–ストレインを理論的に取り扱った研究のうち，代表的と思われる 4 件について紹介しました．Boltzmann の重畳原理はひずみおよび応力について加算性を仮定しており（これを線形性の仮定といいます），Kuhn の統計力学と Mooney-Rivlin のひずみエネルギー関数はゴム試料が弾性であることを仮定しています．これらの仮定は，例えばゴムに活性充てん剤であるカーボンブラックが配合されたりカーボンとともにオイルが配合された場合，配合量が多くなるほど線形性および弾性が失われていくために成立しにくくなります．すなわち，式の適用範囲がどんどん狭くなっていきます．Treloar の逆ランジュバン関数は仮定がほとんどないので，充てん剤が配合されていても適合範囲は広いのですが，パラメータ n が定義の値の範囲からはずれていくという問題があります．この意味では，充てん剤やオイルが多量に配合された，いわゆる実用配合ゴムに対する本当のストレス – ストレインの解釈はまだまだ終わっていないのです．

　さて，ゴム技術入門講座では特性編として第 2 章から第 4 章まで，ゴムの最大の特徴である低い応力に対して大きなひずみを示す性質を，マクロとミクロの両面から観察してその結果をストレス – ストレイン曲線を中心に説明してきました．また，ストレス – ストレイン曲線について，これまでにどのような理論的な解釈がされているか，それぞれのポイントを説明しました．

ここまでのところを熟読いただければ，ゴムの物性の概要はしっかりと把握されると考えています．そこで，次章からは材料編に入ります．ゴム製品の材料選定，加硫，補強，ポリマーブレンドといったテーマを取上げます．

参考文献

1) 原典は，Boltzmann, L.: *Pogg. Ann., Physik*, **7**, 624 (1876)

丁寧な文献は，Ferry, J. D.: Viscoelastic Properties of Polymers, 3rd. Ed., (John Wiley & Sons Inc., New York, 1980) p. 17

手近な文献は，日本ゴム協会編：「ゴム工業便覧〈第4版〉」第1章, p. 52 (1993)

2) 原典は，Kuhn, W.: *Kolloid-Z.* **68**, 2 (1934), **76**, 258 (1936) ; Guth, E., Mark, H.: *Mh. Chem.* **65**, 93 (1934)

丁寧な文献は，Flory, P. J.: Principles of Polymer Chemistry (Cornell University Press, Ithaca, NY., 1953)

手近な文献は，日本ゴム協会編：「ゴム工業便覧〈第4版〉」第1章, p. 14 (1993)

3) 原典は，Mooney, M.: *J. Appl. Phys.*, **11**, 582 (1940) ; Rivlin, R. S.: *J. Appl. Phys.*, **18**, 444 (1947)

丁寧な文献は，Rivlin, R. S.: Rheology, ed. by Eirich, 1, chap. 10 (Academic Press, New York, 1956)

手近な文献は，日本ゴム協会編：「ゴム工業便覧〈第4版〉」第1章, p. 11 (1993)

4) 原典は，Treloar, L. R. G.: *Trans. Faraday Soc.*, **42**, 77 (1946)

丁寧な文献は，Treloar, L. R. G.: Die Physik der Hochpolymeren, ed. by Stuart, H. A., (Spring-Verlag, Berlin, 1956) p. 305 (注：この部分は英語で書かれています)

手近な文献は，村上謙吉：「レオロジー基礎論」(産業図書, 1991) p. 40

5) Treloar, L. R. G.: The Physics of Rubber Elasticity, 3rd. Ed. (Clarendon Press, Oxford, 1975)

6) 日本ゴム協会編：「ゴム工業便覧〈第4版〉」第1章, p. 15. (1993)

第5章　ゴム製品の原材料

5.1　ゴム製品の原材料構成

ゴム製品は，輪ゴム，手袋などのように原料ゴム，架橋剤，老化防止剤だけを含有するものもありますが，その多くは，このほかに充てん剤，可塑剤を含有しています．さらに，タイヤやホース，ベルトなどに見られるように，実用強度の確保などを目的として，ワイヤーや繊維と組み合わせた製品が多くあります．部品として自動車などに組み込まれる場合には，金具類が必要な場合もあります．ゴム製品というと多くの人は，まず黒いゴムを思い浮かべると思いますが，それは単一の素材ではなくゴムそのものがすでに複合素材であり，製品はさらに他の素材と組み合わされた複合構造品であることがほとんどです．

タイヤを例にその原材料構成を図5.1[1]および表5.1[1]に示します．ゴム製品で中心的役割を担うのは，原料ゴムと，カーボンブラックなどの補強剤および

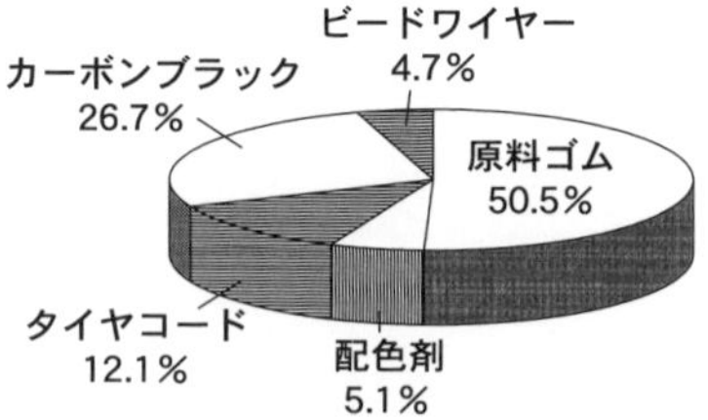

表5.1　タイヤコンパウンドの配合基本構成

配合基本構成	主な配合剤の例
原料ゴム	天然ゴム，合成ゴム
架橋剤	硫黄，有機架橋剤
加硫促進剤	チアゾール系促進剤
促進助剤	酸化亜鉛，ステアリン酸
老化防止剤	アミン系老化防止剤，フェノール系老化防止剤，ワックス
補強剤	カーボンブラック，シリカ
充てん剤	炭酸カルシウム，クレー
軟化剤	石油系プロセスオイル，パインタールアロマチックオイル
着色剤	チタン白，酸化亜鉛

図5.1　タイヤ原材料重量構成比（1989年）

ビードワイヤー 4.7%
カーボンブラック 26.7%
原料ゴム 50.5%
タイヤコード 12.1%
配色剤 5.1%

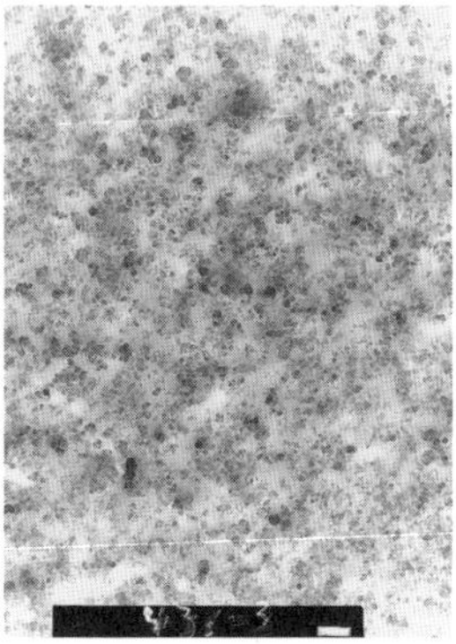

図5.2 ゴムコンパウンドの電顕写真

カーボン:「補強」の役割を果たす
ポリマー:「弾力」の役割を果たす
硫黄:「つなぎ」の役割を果たす

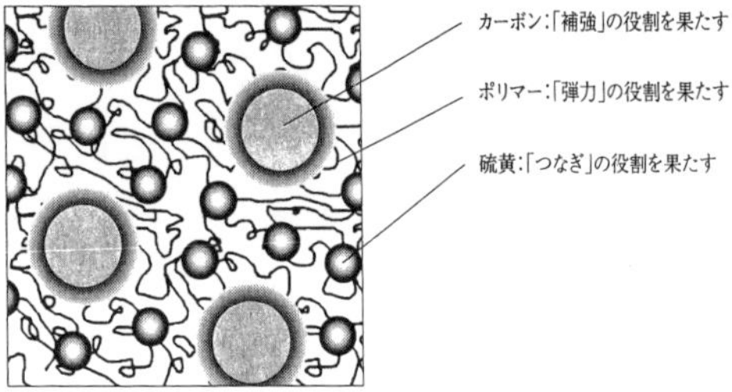

図5.3 ゴムコンパウンドの構造概念図
(㈱ブリヂストン提供)

他の配合剤で構成されるゴムコンパウンドです．ゴムコンパウンドの電顕写真を図5.2に示します．黒い微粒子がカーボンブラックらしいことはわかりますが，あとはなにがなんだかよくわかりません．これを模式的に表すと図5.3のようになります．ゴムに適度の硬さと強度を付与するための補強剤としてのカーボンブラック，ゴム分子をお互いにつなぎとめ，変形回復性を付与するための架橋剤としての硫黄を強調して描いてあります．この図では原料ゴムは単一のように見えますが，目的とする物性を得るために，ゴムブレンドという手段がよく使われるので，必ずしも1種類ではないことを付け加えておきます．

　多数の原料ゴム，配合剤の組み合わせは，その配合割合も含めると無限にあります．すべてを検討するのは不可能ですから，ある程度見当をつけて選択していくことになります．特に，原料ゴムと充てん剤の選択が物性を決定づけるのに重要な意味をもちますので，まず原料ゴムの種類と特性について説明したいと思います．

5.2　原料ゴムの種類と特徴

5.2.1　原料ゴムが多種類ある理由

　ゴムの用途に応じて，多数の原料ゴムがあり，その特性もさまざまです．な

第5章　ゴム製品の原材料

表5.2　ゴムの用途と要求基本性能および使用原料ゴム

ゴム製品		変形性	変形回復性	弾性	振動吸収性	摩耗・摩擦性	耐火性	耐候性	耐熱性	耐水性	耐油性	耐食性	使用原料ゴム
自動車部品	タイヤ	○	○	●	●	●		○	○	○	○	○	NR, IR, SBR, IIR
	防振ゴム	○	○	●	●			○	○	○			NR, SBR, BR, IIR
	空気ばね	○	○	○	●			○	○				NR, IR
	ホース	●	○	○		○	○	●	○	○	○	○	SBR, NBR, ECO, EPDM, ACM, CSM, FKM
	パッキン		●	●	○	○			○		●	○	NBR, ACM, FKM, ECO, Q
生産資材	ベルト	●		○	○	●	○	○	○	○	○	○	NR, SBR, NBR, CR, EPDM
	高圧ホース	●	○	○		○		●	●	○	●	○	NBR
	防振・制振ゴム	○	○	●	●			○	○	○			NR, IR, IIR, Q
	ゴムロール	○	○	○	○						●		NBR, U
海洋	防げん材	●	○	○				●		○			NR
	マリンホース	●	○	○		○	○	○		○			NBR
土木・建築	ラバーダム	●	○	○		●			○	○			EPDM
	ゴムクローラ	○	○	●	●	●	○	○		○			NR
	ブリッジベアリング	○	○	●	●	○		●		●			NR, CR
	免震ゴム	○	○	●	●			○		○			NR, IIR, CR
	建築用シーラント	●	○		●			○		●			Q, T, U
	防水シート	●	○				○	○	●		●	○	○	EPDM
レジャー	ゴルフボール		○	●		○	○						IR, BR
	弾性軌道		○	○	●	●		●		○			NBR
	ゴム靴		○	○	●	●		●		○			NR, IR, SBR, BR

●主な性能、○関連性能

何がどう違うんだろう？

表 5.3 原料ゴムの種類と特性

	ゴム名	略号	化学構造例	T_g(℃)	$SP(10^3 Pa^{1/2})$	耐油性	耐熱性	耐候性	耐摩耗性	反ぱつ弾性
汎用ゴム	天然ゴム	NR	$\{CH_2-C(CH_3)=CH-CH_2\}$	$-79\sim-69$	$16.3\sim17.8$	×	△	△	○	○
	イソプレンゴム	IR								
	スチレンブタジエンゴム (スチレン量 23.5 wt%品)	SBR	$\{CH_2-CH=CH-CH_2\}\{CH_2-CH\}$	-55	$15.0\sim17.8$	×	△	△	○	△
	ブタジエンゴム (高シス品)	BR	$\{CH_2-CH=CH-CH_2\}$	$-110\sim-95$	$14.7\sim18.6$	×	△	△	○	○
	ブチルゴム	IIR	$\{CH_2-C(CH_3)_2\}\{CH_2-C(CH_3)=CH-CH_2\}$	$-75\sim-67$	$15.8\sim16.7$	×	△	○	△	×
	エチレンプロピレンゴム	EPDM	$\{CH_2-CH_2\}\{CH_2-CH(CH_3)\}$	$-58\sim-50$	$16.0\sim17.5$	×	○	○	△	△
	ニトリルゴム (ニトリル量 25 wt%品)	NBR	$\{CH_2-CH=CH-CH_2\}\{CH_2-CH(CN)\}$	-50	$19.0\sim20.3$	○	△	△	○	△
	クロロプレンゴム	CR	$\{CH_2-C(Cl)=CH-CH_2\}$	$-45\sim-43$	$16.0\sim19.2$	△	○	○	○	○
特殊ゴム	エピクロロヒドリンゴム	CO ECO	$\{CH_2-CH(CH_2Cl)-O\}$	$-20\sim-10$	$17.8\sim20.9$	○	○	○	△	×
	フッ素ゴム	FKM	$\{CF_2-CH(CF_3)\}\{CF_2-CF_2\}$	$-41\sim0$	$21.5\sim22.5$	○	○	○	△	×
	アクリルゴム	ACM	$\{CH_2-CH(COOR)\}\{CH_2-CH(OCH_2CH_2Cl)\}$	$-20\sim-10$	$17.8\sim18.5$	○	○	○	△	×
	シリコーンゴム	Q	$\{Si(CH_3)_2-O\}\{Si(CH=CH_2)(CH_3)-O\}$	$-132\sim-118$	$10.2\sim15.8$	△	○	○	×	○
	ウレタンゴム	U	$\{R-O-C(=O)-NH-R-NH-C(=O)-O\}$	-32	20.5^*	○	△	○	○	○
	クロロスルホン化ポリエチレン	CSM	$\{CH_2-CH_2\}\{CH_2-CH(SO_2Cl)\}$	-34	—	△	○	○	○	△
	ポリスルフィドゴム	T	$\{R-S_x\}$	$-60\sim-40$	—	○	×	○	×	×

○優 △良 ×劣 *ゴム用語辞典の数値訂正

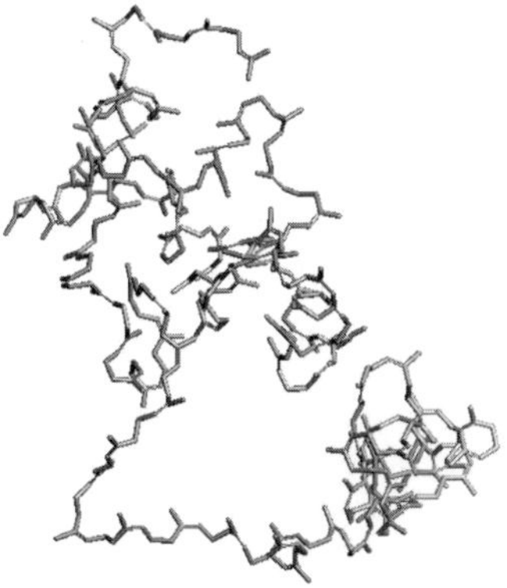

図 5.4 NR（IR）の分子鎖モデル
（日本ゼオン㈱提供）

図 5.5 SBR の分子鎖モデル（日本ゼオン㈱提供）
濃い色の部分：スチレンのフェニル基

ぜ多くの原料ゴムが必要とされるのか，この疑問に対する答えが，一言でいうならば，弾む，大きく変形できるというゴムの基本的性質だけでは，要求される性能には不充分であるからです．**表 5.2** に示すように，ゴムは自動車をはじめとする数多くの製品に使用されていますが，上記性質に加えて，耐摩耗性，低温で硬くならない（耐寒性）などの物理的性質，日光，オゾンに対する抵抗性（耐候性），耐熱性，耐油性などの化学的性質が必要とされます．既存のゴムいずれか単独でこれらの性質すべてを兼ね備えることはもちろん不可能ですので，用途ごとに特に必要な性質をもった原料ゴムが使用されるわけです．

5.2.2　原料ゴムの分類

次に，原料ゴムの種類と特性を説明しましょう．

原料ゴムの特性を整理・分類するために，汎用ゴムと特殊ゴム，非耐油性ゴムと耐油性ゴムといった分類をすることがあります．**表 5.3**[2)] に代表的なゴムの分類例と主な特性を示します．これらの分類に明確な定義があるわけではありませんので，分類する人によっては，ブチルゴム (IIR) エチレンプロピレンゴム（EPDM）を特殊ゴムに含めることがあります．ここでは，説明の都合上，天然ゴム（NR），イソプレンゴム（IR），スチレンブダジエンゴム（SBR），IIR，EPDM を汎用ゴム（非耐油性ゴム）とします．一般的に，汎用

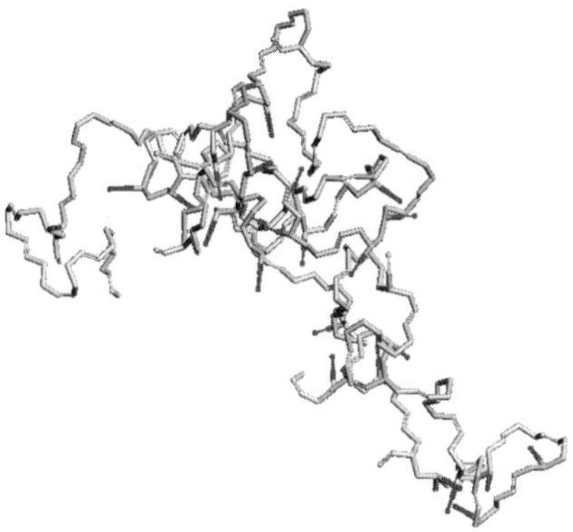

5.2 原料ゴムの種類と特徴　　39

図5.6　NBR の分子鎖モデル
（日本ゼオン㈱提供）
濃い色の部分：ニトリル基

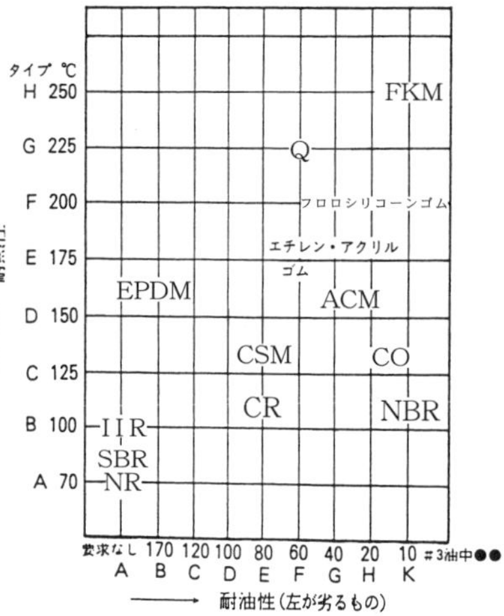

タイプ ℃
H 250　　　　　　　　　　　　FKM
G 225　　　　　　Q
F 200　　　　　　　フロロシリコーンゴム
E 175　　　　　　　エチレン・アクリル
　　　　　　　　　　　　ゴム
D 150　EPDM　　　　　ACM
C 125　　　　CSM　　　CO
B 100　ⅠⅠR　CR　　　NBR
　　　SBR
A 70　NR

耐熱性

要求なし 170 120 100 80 60 40 20 10 #3油中●●
　　　A　B　C　D　E　F　G　H　K
耐油性（左が劣るもの）

図5.7　原料ゴムの耐熱性と耐油性での分類
ASTM D 2000 の基準

ゴム（非耐油性ゴム）は炭化水素のみで構成されたゴムのグループを指すといって大きな問題はなく，特殊ゴム（耐油性ゴム）はその構成元素として炭素と水素以外の原子（窒素，ハロゲン，酸素などが代表例です）を含むゴムのグループであるといえます．

　また表中の優，良，劣は相対的な位置づけを示すものであって，劣であるから実用に供せないという意味ではありません．

　NR，SBR，ニトリルゴム（NBR）のゴム分子鎖を分子モデルを使って組み立ててみますと図5.4, 5.5, 5.6 のようになります．特に，図5.5 の SBR はスチレンがところどころにあるだけで，イメージ的にとらえているものと結構大きな差があるのではないでしょうか．

5.2.3　ゴムの耐熱性と耐油性

　ゴムには金属ほどの耐熱性がありませんが，実用上の耐熱限界はゴムによって異なります．図5.7[3] は米国材料試験協会（American Society for Testing and Materials）の基準によって，耐熱性と耐油性の両特性に着目しゴムを分類した例です．耐熱性については，表5.3 の化学構造と照合すると，ゴム分子の

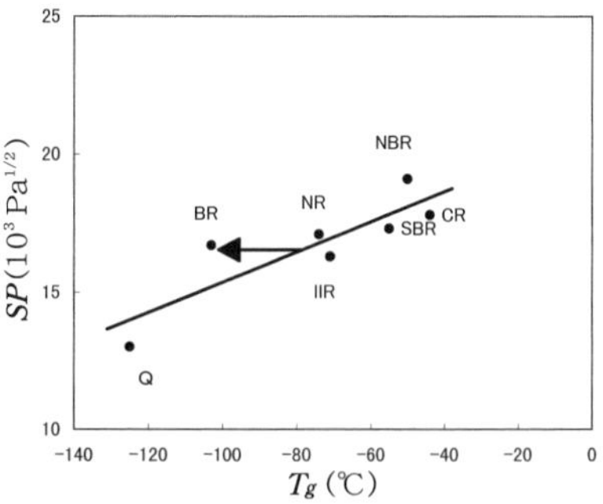

40　　第5章　ゴム製品の原材料

図5.8　各種ゴムの T_g と SP 値の関係

主鎖に二重結合をもつゴムが劣ることがわかります．耐油性については，特殊ゴムが優れ，汎用ゴムは劣ることがわかりますが，特殊ゴムのなかでも大きな違いがあります．汎用ゴムは，耐熱性と耐油性の両方が要求される部材としては使用できないことがわかります．

5.2.4　ゴムの SP 値と耐油性，T_g との関係

　表5.3 は，溶解度パラメーター（solubility parameter 以下 SP 値という）とガラス転移温度 T_g を示しています．SP 値は $(\Delta E_v / V)^{1/2}$ で定義される相溶性の大まかな指標です．ΔE_v はモル蒸発エネルギー，V はモル体積です．高分子であるゴムの SP 値を直接求めることはできませんので，SP 値が既知の各種溶剤に対するゴムの膨潤度，浸透圧測定，蒸気圧測定などから求められます．炭化水素溶剤（ガソリン，機械油）の SP 値はおおよそ 15〜19 で，汎用ゴムのそれに近いので，良溶剤となります．先の耐油性に優れたゴムはほぼこの範囲を外れています．**図5.7** の耐油性が必ずしも SP 値だけで決まっているわけではありませんが，特殊ゴムが耐油性に優れ，汎用ゴムが耐油性に劣るということが SP 値から推測できます．異種の相溶性についても同様に，SP 値が近いものどうしが相溶性がありそうだ，とある程度推測できます．T_g は，ゴムの耐寒性の指標になります．T_g はゴム分子間の相互作用に関係しますので，**図5.8** に示すように SP 値との相関関係が認められます．ただし，その相関は完全ではありません．その理由は T_g には分子間相互作用だけではなく，分子内相互作用（本講座の第2章を参照して下さい）も関係するからです．すなわち，ゴ

ム分子鎖がどれくらい自由回転できるかが，T_g を決定します．高シス BR は，二重結合部分がクランクシャフトのように一体になって動くために SP 値から予測されるよりも低い T_g になります．

5.3 原料ゴムの化学結合構造と特性

表5.3 に原料ゴムの化学構造例を示しましたが，表中の構造だけがすべてのものではありません．例示以外にも，構成元素や結合単位（モノマー）が異なるものが多数ありますが，ここで説明したいのは，まったく同じ構成元素でありながら分子のつながり方や配置が異なる構造があって，原料ゴムの特性にも影響を及ぼす例です．

5.3.1 ポリブタジエンの異なる結合様式

単一のモノマーで合成されるポリブタジエンを例にとると，化学結合の様式は次の3通りがあります．

1,4-シス-結合：—CH$_2$　　CH$_2$—
　　　　　　　　　　CH＝CH

1,4-トランス-結合：—CH$_2$
　　　　　　　　　　　CH＝CH
　　　　　　　　　　　　　　CH$_2$—

1,2-ビニル-結合：—CH$_2$—CH—
　　　　　　　　　　　　CH＝CH$_2$

これらは化学式ではまったく同じですが，結合様式は異なり，ポリブタジエンの特性も大きく異なります．また，ポリイソプレンにも同じく異なる結合様式があります．ブタジエンやイソプレンを構成単位として含むゴムにはこれらの構造が存在しています．

シス結合が 100% に近いものは，高シス BR とよばれ常温でゴム弾性を示しますが，トランス結合が 100% のものは常温で結晶化した樹脂状になります．低シス BR の骨格は主としてシスとトンラス結合で形成されていて，トランス結合が若干多く存在しています．

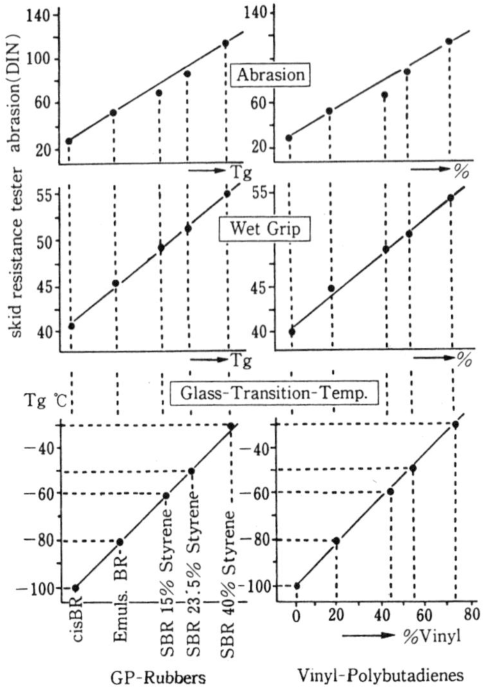

42　第5章　ゴム製品の原材料

図5.9　ビニルポリブタジエンのビニル量と T_g の
関係およびタイヤ特性への影響

5.3.2　ビニルポリブタジエンの立体配座

　ビニルが100％のものは，ビニル基の立体配置の仕方（立体配座あるいはコンフィギュレーションとよばれます）でさらに分けられます．ビニル基が同じ向きになってつながっているイソタクチック，交互に反対向きにつながっているシンジオタクチック，ランダムに並んだアタクチックの3通りです．このうち現実に製造されているのは，シオジオタクチック 1.2-ポリブタジエンです．ポリイソプレンにも同様の立体配座があります

5.3.3　ポリブタジエンの結合様式とタイヤ特性

　ポリブタジエンのミクロ構造（シス，トランス，ビニル結合構造）のうち，

表5.4　各種充てん剤と粒子径

充てん剤名	化学式	粒子径(nm)
カーボンブラック(N 110；SAF)		15～19
カーボンブラック(N 330；HAF)		26～30
カーボンブラック(N 550；FEF)		40～48
カーボンブラック(N 990；MT)		201～500
シリカ(ホワイトカーボン)	$SiO_2 \cdot mH_2O$	10～50
ケイ藻土	$SiO_2 \cdot nH_2O$	200～1000
合成ケイ酸アルミニウム	$9Na_2O \cdot 67Al_2O_3 \cdot 12Al_2O_3$	20～50
合成ケイ酸カルシウム	$CaO \cdot SiO_2 \cdot nH_2O$	20～100
酸化亜鉛	ZnO	90～300
タルク	$3MgO \cdot 4SiO_2 \cdot H_2O$	200～3000
カオリナイト(クレー)	$Al_2O_3 \cdot 2SiO_2 \cdot 2H_2O$	200～5000
焼成クレー	$Al_2O_3 \cdot 2SiO_2$	1000～5000
重質炭酸カルシウム	$CaCO_3$	300～10000
軽質炭酸カルシウム	$CaCO_3$	500～6000
天然石こう	$CaSO_4 \cdot 2H_2O$	10000～100000
合成石こう	$CaSO_4 \cdot 2H_2O$	300～5000

ビニル量と物性の関係を図5.9[1]に示します．ビニル量が増加するにつれ，T_g は高くなり，摩耗量(abrasion)が増加して耐摩耗性が低下し，湿潤路面での滑り抵抗性(wet grip)が高くなることがわかります．

5.3.4　そのほかの構造

2種以上のモノマーで合成されるゴムは，このほかにモノマーの並び方で更に種類が増えますが，ここでは詳しく説明しないでおきます．現実に製造されているゴムでは，並び方がランダムなものがほとんどを占めています．2種のモノマーがブロック状につながったものとして，SBS などの熱可塑性エラストマーがあります．

5.4　充てん剤の種類と特徴

充てん剤は，ゴムの物理的性質の向上や増量に用いられます．強度，モジュラスなどの物理的性質を向上させるものを特に補強剤ということがあります．ゴムがタイヤ，ベルト，ホースなどの機能部品として使用されているのには，補強剤の役割が大きいといえます．

表5.4 に代表的な無機充てん剤を示します．充てん剤には，ハイスチレン樹

脂，木粉，コルクなどの有機充てん剤もありますが，これらは増量剤として使用されることがほとんどです．無機充てん剤のうち，顕著に補強性のあるものはカーボンブラックとシリカです．クレーや炭酸カルシウムなどでは，補強性を付与するために，表面処理されたものがあります．

補強性は充てん剤のどのような性質で決まるのでしょうか？ 実はこの点はまだ充分解明されていません．一般に，粒子の比表面積，粒子の形状，粒子の表面活性に影響されるといわれています．

次章ではゴム製品の補強とゴムコンパウンドの補強を分けてとりあげ，さらに解説を進めます．

参考文献

1)　ゴム技術フォーラム編：「ゴム工業における技術予測―自動車タイヤを中心として」(1975) p. 135

2)　日本ゴム協会：「ゴム用語辞典」(1997) 付表を参考に編集

3)　ゴム技術フォーラム編：「特殊エラストマーの未来展開をさぐる　Part1 特殊ゴムの高性能化」(1992) p. 16

第6章　ゴムの複合補強・強化

6.1　はじめに

　第5章では，ゴム製品のベースであるゴムの原材料の構成について説明しました．ゴム製品は，多くの原材料を組み合わせた構造品であることが理解いただけたことと思います．ゴム製品は，ゴムを母材として，マクロ的には繊維を入れたり，ミクロ的にはカーボンブラックを入れて補強・強化した一つ一つの部品で組み立てられています．

　本章では，ゴム製品の補強・強化について説明します．前半は大まかに見ることにします．ゴム製品は，ゴムの補強・強化のために，繊維などを入れて一つの部材を形成していますが，その繊維などの副資材について説明します．後半は細かく見ることにして，ベースであるゴムにカーボンブラックなどを入れて補強・強化する充てん剤について説明します．

6.2　ゴム製品の複合補強・強化

　ゴムを用いた製品には，タイヤ，ベルト，ボール，高圧ホース，空気ばね，マット，ダイヤフラム，免震ゴム，エアードームなどたくさんあります．これらのゴム製品は，ゴム単体では作られていないのです．ゴムの柔らかさを利用していますが，ゴムだけでは構造的に成り立たないため，他の材料で補強・強化しています．

　材料を補強・強化するという考えは，古くからあります．例えば，家の壁を土から作るとき藁を混ぜて補強する技術は，大昔から利用されています．材料を補強することは，ゴム製品だけではありません．金属でさえ補強して，単一

材料では得られなかった新しい材料が生み出され，特に，軽くて強いことが要求される航空宇宙部品に多く用いられています．また，プラスチックは，繊維で補強して軽量船体として使われています．コンクリートもスチールで複合強化して使用されています．このように，他の材料と複合することによって，単一材料では得られない特性をもつ新しい機能材料が生み出されています．

ここでは，ゴムをどのような材料で，どのように複合強化しているかを実際の製品を例に見てみましょう．

6.2.1 タイヤ

図6.1は，タイヤの構造を示しています．タイヤは，ゴムの複合強化製品の代表です．タイヤ全体がゴムを複合強化した部品で作られています．図6.2は，代表的なタイヤ部材の補強・強化を示しています．トレッド，ベルトエッジクッション，サイドウォールおよびビードフィラーは，カーボンブラックなどで補強されたゴムを使用しています．特にトレッドは，摩擦・摩耗や転がり抵抗を考慮してカーボンなどで補強されています．ベルト・カーカスおよびビードは，スチール，ポリエステル，ナイロンなどの繊維で補強・強化されています．ここでは，繊維強化した場合について考えます．

タイヤのカーカスは，一方向に長い繊維を入れて強化しています．この繊維は，乗用車用ではポリエステル，トラック・バス用ではナイロン，スチールなどが使われています．

ベルトは，図6.3に示すように，一方向強化繊維で強化されたゴム板をある

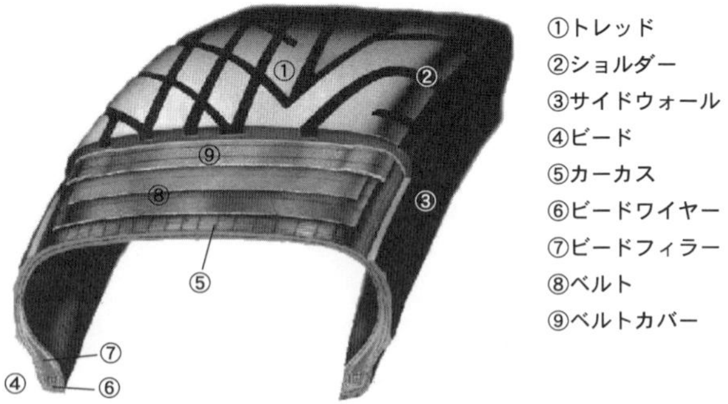

①トレッド
②ショルダー
③サイドウォール
④ビード
⑤カーカス
⑥ビードワイヤー
⑦ビードフィラー
⑧ベルト
⑨ベルトカバー

図6.1　タイヤの構造

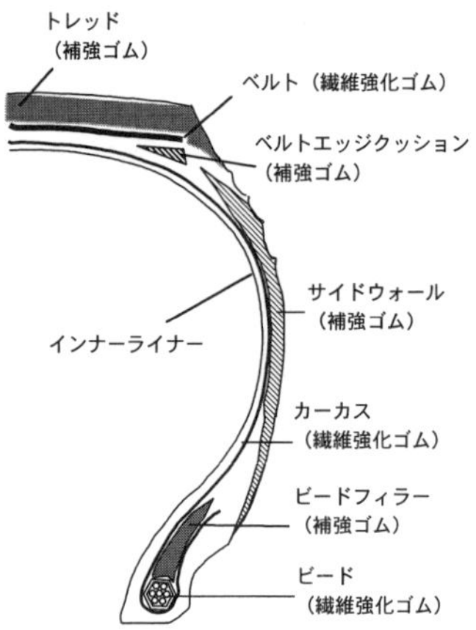

6.2 ゴム製品の複合補強・強化　　47

図 6.2　タイヤ各部の補強・強化

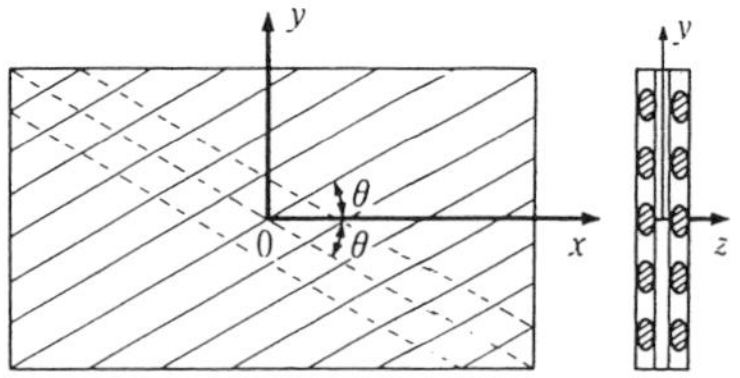

図 6.3　ベルトの 2 層積層構造

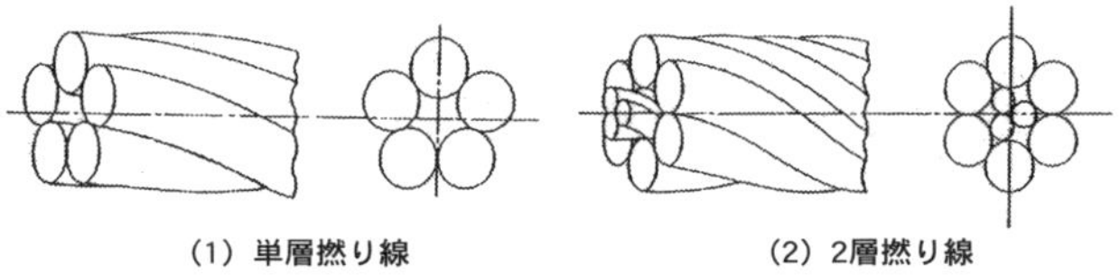

(1) 単層撚り線　　　　　　(2) 2 層撚り線

図 6.4　繊維の撚り構造

角度 θ で張り合わせて作られています．このときの繊維材料は，スチールやアラミド繊維などが用いられています．また，繊維（コード）は，図 6.4 に示されるように，撚って用いるのが一般的です．このほか，ビードもスチールコードで複合強化されています．

　タイヤにおけるゴムは，人間の筋肉と皮膚にたとえられます．中の空気は血，繊維は骨といえます．たえまない振動とともに高速で回転するタイヤにおいて，路面をしっかりととらえることができる大きな摩擦力をもち，中の空気をもらさず，タイヤを構成する繊維や他の材料をしっかりと保持できる，これらの要件を満たす材料がゴムなのです．

6.2.2　ベルト

　図 6.5 に示すように，ベルトも繊維強化複合材料です．ベルトの構成材料は，圧縮・伸長に耐えるゴム，負荷応力を支える心線，およびベルト外側を保

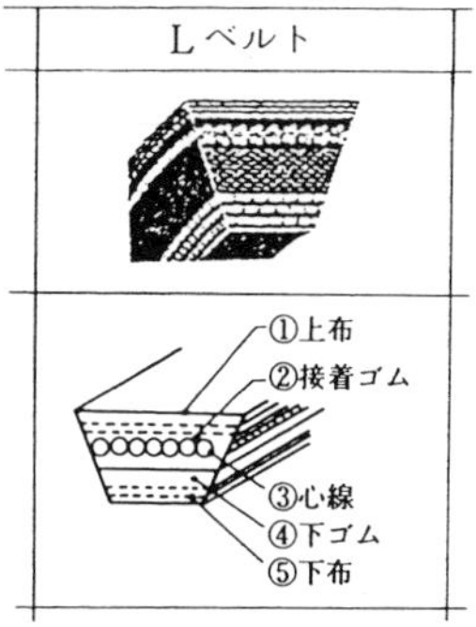

48　第6章　ゴムの複合補強・強化

Lベルト

①上布
②接着ゴム
③心線
④下ゴム
⑤下布

図6.5　ベルトの構造

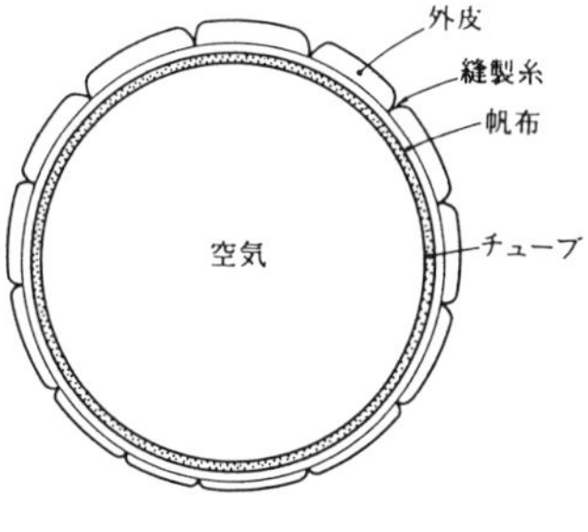

外皮
縫製糸
帆布

空気

チューブ

図6.6　サッカーボールの構造

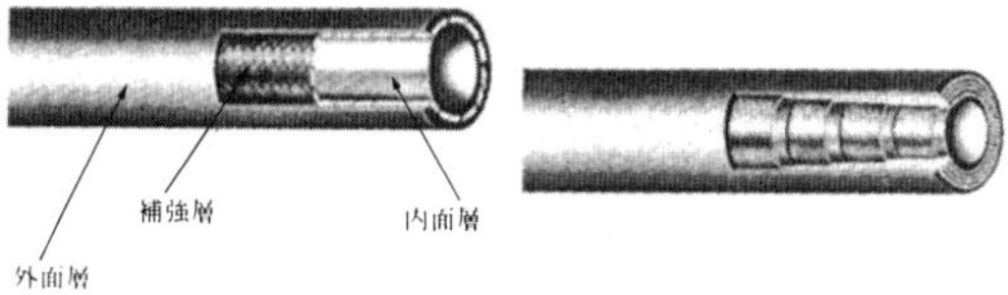

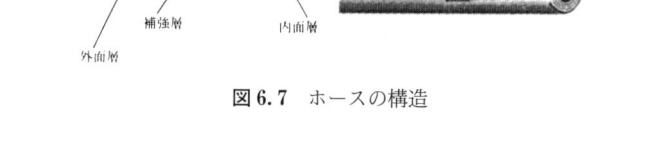

補強層
内面層
外面層

図6.7　ホースの構造

護する被布からなっています．心線の素材として，Vベルトや平ベルトにはポリエステルが多く用いられていますが，最近では，スチールコードやアラミド繊維も高負荷用ベルトに使われています．歯付ベルトでは，歯のかみ合い寸法精度上，伸びが小さいガラス繊維やスチールコードが用いられています．

6.2.3　ボール

図6.6に示すように，サッカーボールも繊維強化のためのキャンバス（帆布）を用いて作られています．キャンバスは，化繊系素材で作られていますが，チューブやキャンバスの厚さも含めてノウハウとされています．

6.2.4　高圧ホース

図6.7に示すように，高圧ホースは，内面層，補強層および外面層から構成されています．補強層は，補強繊維が交互に編まれた編組構造のものと，スパイラル状に巻かれた構造があります．一般にホース内径が小さいものや耐圧力が小さいものは，編組構造が用いられ，内径が太く耐圧力が大きいものは，ス

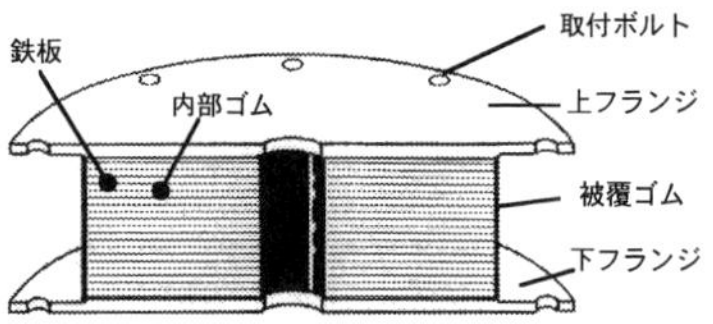

図 6.8 免震ゴムの構造

パイラル構造が用いられます.

6.2.5　免震ゴム

図 **6.8** は，免震ゴムの構造を示しています．免震ゴムというのは，ゴム板と鉄板を 10～数十層交互に加硫接着させたサンドイッチ構造体です．免震ゴムの特長は，通常時は鉛直方向に変形せずに荷重を支え，水平方向には，地震時に建物を緩やかに揺らせて破壊させないような柔らかさをもっていることです．この構造自体がゴム単体では達成できない低いせん断剛性と高い圧縮剛性とを同時にもたらしています．

6.3　ゴムをマトリックスとした繊維強化複合材料の性質[1]

ゴム製品は，繊維で強化されることが多いことをみてきました．ここで，ゴムをマトリックスとして繊維で強化した積層ゴム板の性質についてみてみましょう．前述のように，金属やプラスチックをマトリックスとした繊維強化複合材料がありますが，ゴムの場合は，これらとまったく異なった性質をもちます．

いま，図 **6.9** に示すような一方向に繊維が配列された積層ゴム板を考えます．この構造は，タイヤのカーカスやベルトの一部に用いられています．この板 2 枚をある角度で張り合わせたものが，バイアス積層といわれラジアルタイヤのベルトに用いられています．

図 **6.10** (a)に示すように，ある角度で配列された一方向積層板を x 軸方向に一様応力で引っ張ると，引張方向が弾性主軸と異なるため，コードとゴムの面内カップリング効果により，面内せん断ひずみが発生し，図に示すような変形が生じます．また，コードと引張方向の角度を変えると，図 **6.10** (b)に示すように，異なったせん断変形を生じます．この変形すなわちせん断ひずみは繊維に対する引っ張り方向の角度によって変化します．そしてこの角度が丁度 ±54.7

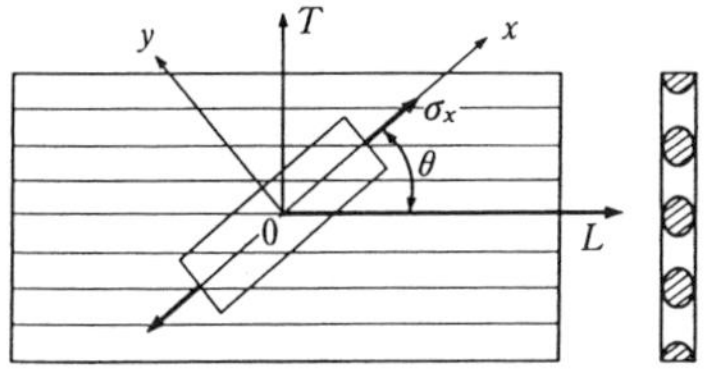

50 第6章 ゴムの複合補強・強化

図 6.9 一方向繊維強化ゴム板

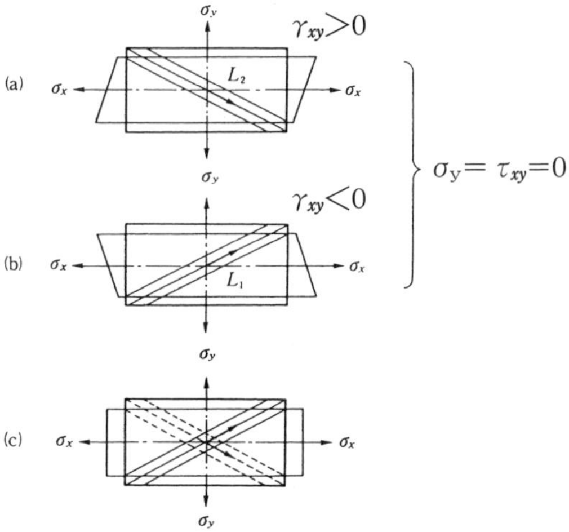

$\sigma_y = \tau_{xy} = 0$

図 6.10 単層板の変形と応力

度のときせん断ひずみは消失します．引っ張り方向に対してある角度をもつ一方向繊維強化ゴムを対称に積層した2層積層板を引っ張った場合は，上層と下層の変形が互いに打ち消されますが，そのために上層と下層に逆向きのせん断応力が発生し，**図 6.11** に示すように x 軸 (引っ張り方向) 周りにねじれが生じることになります．各層の繊維の角度を ±54.7 に配置すれば伸長によるねじれが生じないことになります．このような性質は，ゴムのような柔らかいマトリックスを用いた場合のみ生じる性質で，金属やプラスチックスには生じないものです．

したがって，このカップリング効果は，タイヤばかりでなく高圧ホースにも重要です．高圧ホースのスパイラル角度や積層する角度も 54.7 度とし，高圧になったときせん断ひずみが生じないように設計されています．

ゴムが繊維で強化されたときのヤング率を考えてみましょう．強化した繊維の方向を L (Longitudinal) とよび，その直角方向を T (Transverse) とよびます．このとき，L 方向，T 方向のヤング率をそれぞれ E_L, E_T とします．E_L には強化繊維の剛性が強く効き，E_T はゴムの剛性が支配的になるので，通常 E_L は E_T の数十倍から数千倍にもなります．

いま，繊維およびゴム (母材) の体積含有率をそれぞれ，V_f, V_m $(=1-V_f)$

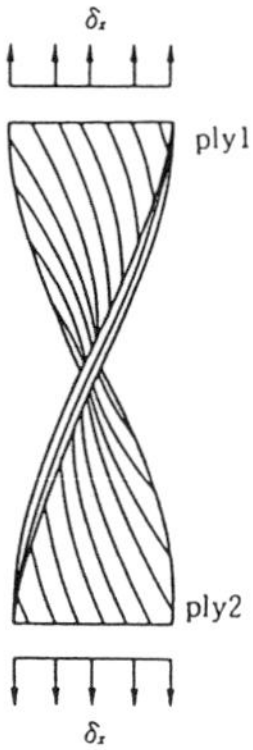

図 6.11　2 層積層板のカップリングねじれ変形

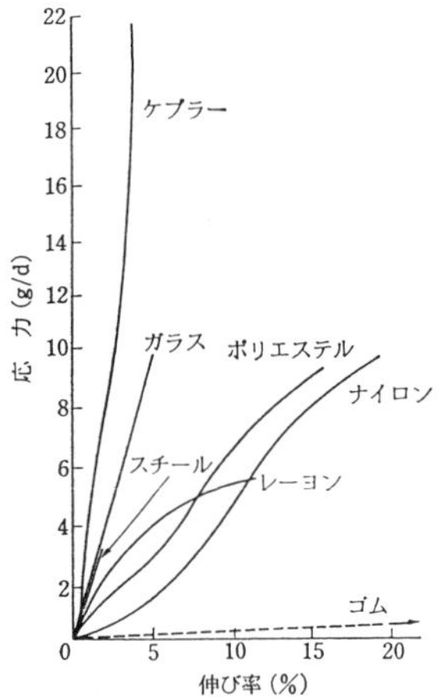

図 6.12　ゴムと繊維の応力-伸び線図

とし，繊維（fiber）の等方性弾性定数，ポアソン比，せん断弾性率を E_f, ν_f, G_f $(=E_f/2\,(1+\nu_f))$ として，ゴム（母材；matrix）の等方性弾性定数，ポアソン比，せん断弾性率を E_m, V_m, G_m $(=E_m/2\,(1+\nu_m))$ とすれば，複合理論から次の関係が得られています．

$$E_L = E_f V_f + E_m V_m$$

$$E_T \fallingdotseq E_m$$

図 6.12[2) に，ゴムと繊維の応力-伸び率線図を示します．この図から，ゴムと繊維のヤング率が大きく異なることがわかります．$E_f \gg E_m$ ですから，繊維の含有率が大きくなるとゴムが繊維強化されて，ヤング率が大きくなることがわかります．

　次にゴムコンパウンドについてミクロに見てみましょう．

6.4　ゴムと充てん剤の関係——タイヤはなぜ黒い？——

　今皆さんが乗られている車に，充てん剤であるカーボンブラックを配合していないゴムでタイヤを作って走行したらどうなるでしょう？　たぶん，瞬く間に磨滅してしまったり欠けたりするでしょう．今では当たり前のように配合されているカーボンブラックですが，このカーボンブラックによってタイヤ用ゴムの強度は飛躍的に向上したといえます．

52　　　第6章　ゴムの複合補強・強化

　ここではカーボンブラックを充てん剤の代表選手として補強・強化の効果について説明します．

6.4.1　カーボンブラックとはいったい何なのでしょうか？

　カーボンブラックとは原油を精製したあとに残るピッチやタールを原料として製造される工業用すすの総称です．その種類は製造方法や粒子径などの特性によって数多くの分類がなされています．まず，その形態についてみてみましょう．図6.13にタイヤに用いられる代表的なカーボンブラックの電子顕微鏡写真を示します．このように小さな球がいくつか集まって一つのカーボンブラックを構成していることがわかります．この一つの球をもっとミクロに見ていくと図6.14のようになります．Aのような平面構造をもった化合物がいくつもの層状になった結晶子Bを，そしてこの結晶子がいくつも集まって多結晶体Cを構成したものが一つの粒子といわれています．この粒子の表面形状や性状がゴムとの相互作用に重要な影響を与えるといわれています．最近では原子間力顕微鏡の発達によって表面形状についてかなりのことが解明されてきていま

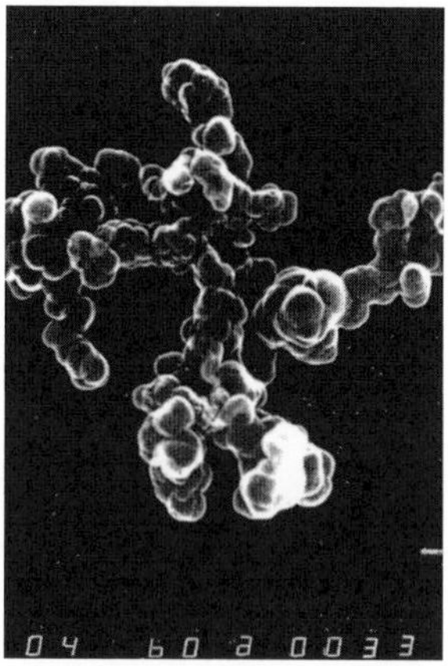

図6.13　カーボンブラックの電子顕微鏡写真（三菱化学㈱提供）

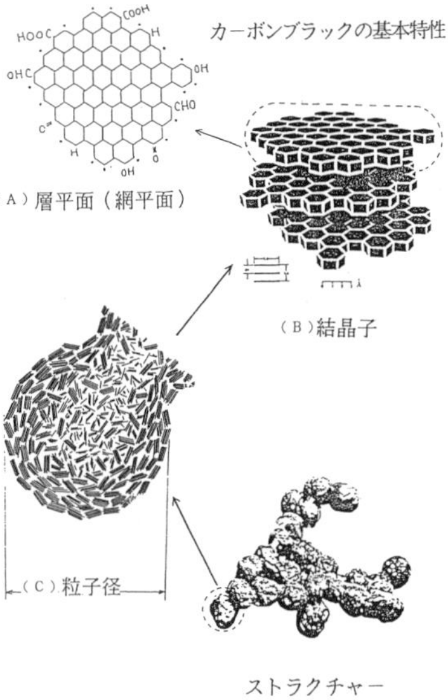

図6.14　カーボンブラックの構造（三菱化学㈱提供）

カーボンブラックの基本特性

（A）層平面（網平面）

（B）結晶子

（C）粒子径

ストラクチャー

6.4.2 カーボンブラックの影響について

　ゴムにカーボンブラックを配合すると，なにが変わるのでしょうか？　カーボンブラックのような硬質の材料を混ぜ合わせると，全体が硬くなるというのは容易に納得いただけると思います．カーボンブラックはそれ以外に，二つの変化を生じます．まず一つめはゴムとの相互作用です．

　この相互作用というのはいったいどのようなものでしょうか？

　モデルを図6.15に示します．これをもう少し簡単にイラストで説明しましょう．

　このイラストは，皆さんよくご存じの「だるまさんが転んだ」という遊びの風景です．鬼役のしずかちゃんが目隠しをして木にしっかりしがみついています．この木をカーボンブラック，手をつないでいる子供たちをゴムと考えてみてください．鬼は木のところで子供としっかりと手をつないでいるので，鬼に近い子供たちは，ほとんど動き回ることができません．しかし，木から離れている子供は自由に動き回ることができます．相互作用というのはこの現象とよく似ています．カーボンブラックをゴムに配合すると鬼役のようにカーボンブラックにしっかりと結合する部分ができてしまいます．そのため，この子供たちのようにゴムの分子のなかでも運動性に差がでてくるわけです．この程度がゴム物性に大きく影響を与えると考えられています．

Occluded Rubber＊

図6.15　充てん剤とゴムの相互作用モデル
＊カーボンブラックの一次凝集体に取り込まれたglassyに近いゴム

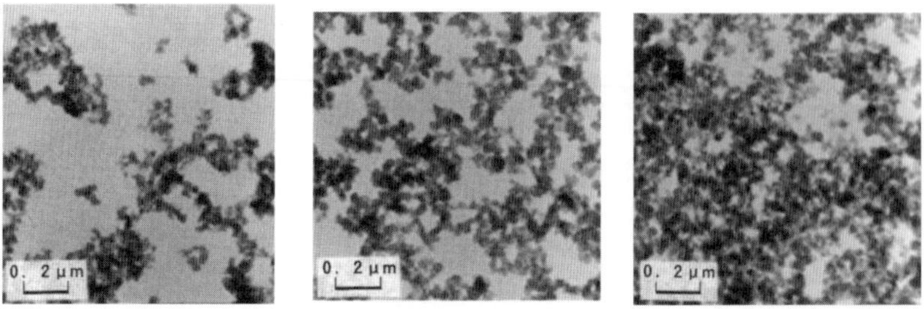

54　第6章　ゴムの複合補強・強化

図6.16　カーボンブラックの網状構造の電子顕微鏡写真（横浜ゴム㈱提供)

　もう一つは，カーボンブラックどうしの相互作用です．これは，カーボンブラックを多く配合すると，カーボンブラック間の距離が非常に近くなります．すると，カーボンブラックどうしの凝集しようとする力によって擬似的な構造を生成します．これもゴム物性に重要な影響を与えると考えられています（**図6.16**)．

　このような相互作用により，どのようにゴムの物性が変化するか，また，その原因は何かという研究に関しては多くの報告があります．そのなかでも代表的なものをいくつか簡単に紹介しますので，一度はこのような文献を読んでみてください．

①球状の粒子を配合したときの容積分率とモジュラスの関係（**図6.17**)[5-9]

　E は充てんゴムのモジュラス，E_0 は純ゴムのモジュラス，C は充てん剤の容積分率を表します．この図は容積分率とモジュラスの関係をいろいろな理論式で示したものですが，どの理論式も容積分率が高いところでの近似をどのようにするかという点に苦慮の跡があります．

②ペイン効果（**図6.18**)[10]

　これはカーボンブラックがゴム物性に与える影響について Payne が調べた非常に有名な研究の一つです．**図6.18** はカーボンブラックの充てん量と動的せん断モジュラスのひずみ振幅依存性について示したものです．カーボンブラックを充てんしないゴム（図中の 0）はひずみに対してモジュラスは変化しません．しかし，カーボンブラックを充てんしていくとひずみの低いところのモジュラスが非常に高くなります．そして，図に示されるようにモジュラスがひずみ振幅により大きく変化することを見いだしました．これは，カーボンブラ

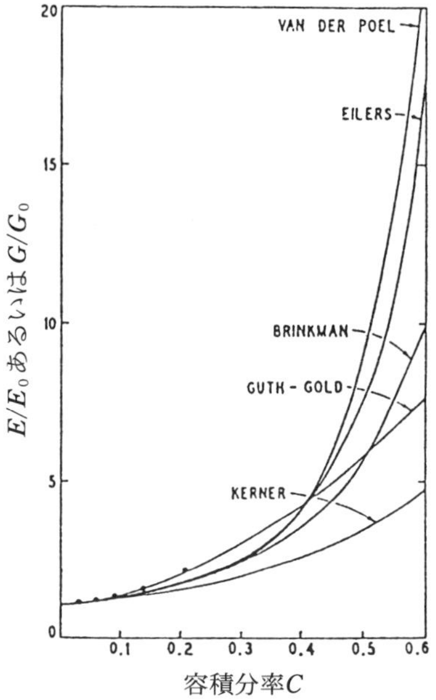

6.4 ゴムと充てん剤の関係——タイヤはなぜ黒い？—— 55

図 6.17 球状粒子のモジュラス濃度関係

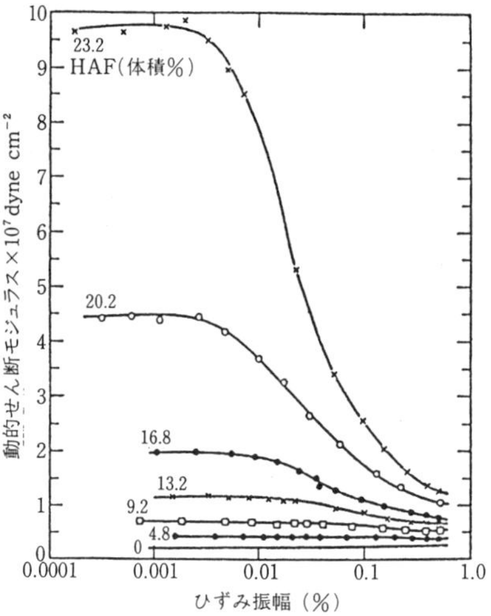

図 6.18 動的モジュラスの振幅依存性
（低振幅域）

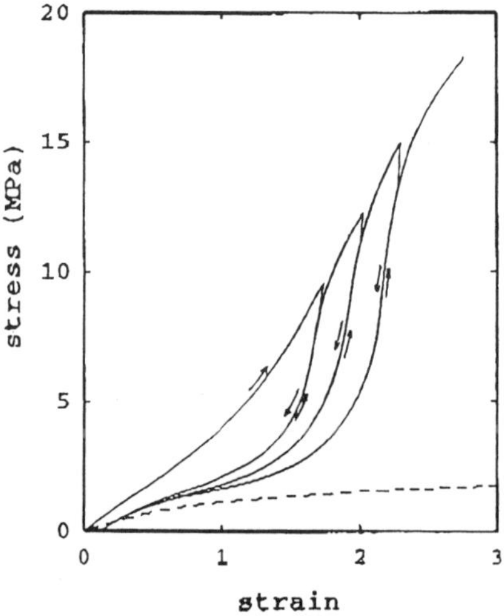

図 6.19 カーボンブラック充てんゴムのストレスソフト
ニング現象[12]（天然ゴム 100 phr, HAF カーボン 60 phr）

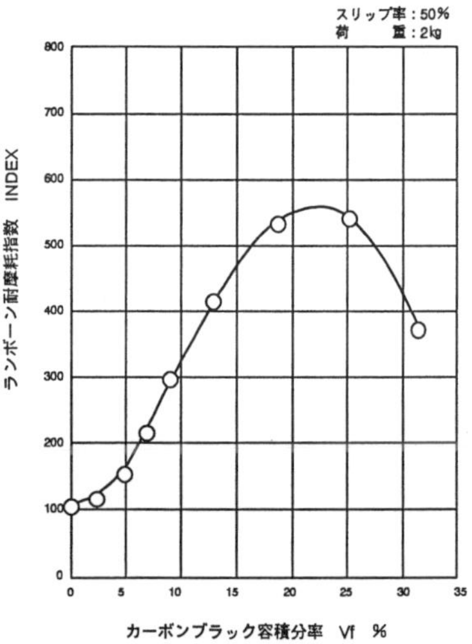

図 6.20 ランボーン耐摩耗指数のカー
ボンブラック濃度依存性

ックどうしが形成する網状構造の破壊に起因すると考えられています.

③マリンス効果[11]

マリンス効果とは加硫ゴムを繰り返し変形させたとき,弾性率が第1回目の変形時から順次低下する現象のことをいいます.一般にカーボンブラックを充てんするとこの応力／ひずみ曲線のヒステリシスが増大すること,また繰り返しによる弾性率の低下が大きくなるといわれています(図6.19).

このようにカーボンブラックを充てんすることによってペイン効果に示されるような小さなひずみから,マリンス効果に示されるような大きなひずみに対するまで,すべての領域に影響を与えることがわかっていただけたでしょうか.

6.4.3 充てん剤の補強効果の例(タイヤでの事例)

では,製品にとってカーボンブラックなどの補強剤の効果はいったいどのような点にあるのでしょうか?

タイヤの重要な特性の一つである摩耗特性に関する実験を例にとって説明します.カーボンブラックの充てん量が増えるにしたがって耐摩耗性はよくなることがわかります(図6.20).しかし,いくらでも増やせばよいわけではなく,ある量を超えると逆に低下することもわかっています.この傾向は第3章のカーボン量とS-S曲線の関係でみられたものと同じであることがわかります.

当然,その他の製品特性もカーボンブラックの量や種類によっても最適値が変わるわけですから,ゴム設計者は要求される特性値を高次にバランスさせるため日夜研究を重ねているわけです.

表6.1 シリカ充てん天然ゴム配合のシランカップリング剤の添加効果

Property	Precipitated silica (control)	Precipitated Silica (1.0 phr A 189)[b]	Carbon black N 285 (ISAF)
Oscillating disk rheometer, T_{90}, min	22	16.5	13.3
30 % modulus, MPa	4.6	9.7	23.1
Tensile strength, MPa	28.2	33.2	28.8
Elongation, %	700	640	400
Shore hardness, A2	65	65	73
Tear (die C), N/mm	69	96	71
Set at break, %	50	50	30
Goodrich heat buildup, Δt, °C	18.9	1.7	3.9
Permanent set, %	23	8.4	6.2

[a]Filler loading 50 phr.
[b]A 189-Union Carbide, Inc., γ-mercaptopropyltrimethoxysilane.

ここまでは，カーボンブラックを例にとって補強・強化の効果について説明をしましたが，シリカ，クレー，炭酸カルシウムなどの無機の充てん剤も少し説明します．これらの無機充てん剤も基本的にはカーボンブラックと同じような効果が得られます．しかし，少し異なる点はタイヤでよく用いられるゴム（NR, SBR, BR, IR）に対してなじみがあまりよくない点があげられます．そのため，充分な補強効果が得られない場合があります．そこで，表面処理やカップリング剤を併用することで改善する技術が多く使われています．例えば，最近，タイヤでよく話題になっているシリカ配合というのは，シリカとシランカップリング剤を併用することによって，カーボンブラック配合並みの強度を得ることができた技術です（**表6.1**）．

一見，ゴムにカーボンブラックなどの充てん剤を単純に混ぜるというだけですが，できあがった配合ゴムのなかはいくつもの異なる特性をもつ相に分かれているわけです．これが充てんゴム特有の補強性を発現する反面，解析を困難にしていると考えられています．

参考文献

1) Akasaka, T., Hirano, M.: Fukugou zairyo Kenkyu, *Conposite Materials and Structures*, **1** (2), 70 (1972)

2) 日本複合材料学会編：「エラストマー系複合材料を知る事典」（アグネ承風社）p. 47

3) Donnet, J. B., Wang, T. K.: IRC 95 (Kobe), Oct. 1995

4) Goritz, D., Maier, P. G.: IRC 95 (Kobe), Oct. 1995

5) Guth, E., Gold, O.: *J. Appl. Phys.*, **16**, 20 (1945)

6) Kerner, E. H.: Proc. Phys. Soc. (London), B. **69**, 802, 808 (1965)

7) Brinkman, H. C.: *J. Chem. Phys.*, **20**, 571 (1952)

8) Eilers, H.: *Kolloid-Z.*, **97**, 313 (1941)

9) Van der Poel, C.: *Rheol. Acta*, **1**, 202 (1958)

10) Payne, A. R., Whittaker, R. E.: *Rubber Chem. Technol.*, **44**, 440 (1971)

11) Mullins, L.: *Rubber Chem. Technol.*, **42**, 339 (1969)

12) Gent, A. N.: Engineering with Rubber (Hanser Publishers, N. Y., 1992) p. 39, Fig. 3. 4"

第7章　エラストマーブレンド

7.1　ゴム製品とエラストマーブレンド

　第5章でゴム製品は，原料ゴム，架橋剤，老化防止剤のほか，充てん剤，可塑剤を含有していることを述べました．実用ゴムでは原料ゴムは架橋されて使われますが，この架橋ゴムは種々の特性や加工性付与，コスト等の理由から単独のゴム種よりも複数のゴム素材の長所を生かすために，ゴム（エラストマー）ブレンドによって最終製品に仕上げられることが多いのです．**表7.1** にエラストマーブレンドの目的をまとめたものを示します[1]．

　それではゴム製品の代表的な用途である自動車タイヤでの実例をみてみましょう．**図7.1** にタイヤ断面の模式図を示します[2]．トレッド，ベルト，カーカス，サイドウォール，ライナー等にゴムが使われていますが，タイヤの各パーツの要求性能に応じて**表7.2**[2] に示すように SBR と BR，NR と BR，NR と IIR や EPDM 等，実にさまざまな種類のエラストマーブレンドが使用されていることがわかります．

　ブレンドされる理由は加工性やコスト改良の目的もありますが，主は各タイヤパーツに要求される性能がそれぞれ異なることによります．路面に直接接触するトレッドは耐引裂強度，耐摩耗性，耐疲労特性，反発弾性等が要求されます．また，ベルトには補強繊維との良接着性や高モジュラスが，カーカスには低ヒステリシス，耐屈曲疲労，低モジュラスが必要です．インナーライナーには耐屈曲疲労および内圧を保持するためにガス透過性の低いゴムが必要です．サイドウォールには耐折曲げ屈曲性，耐き裂成長性のほか，光が直接当たるので耐候性（特に白いサイドウォールの場合）が要求されます[2]．このようにそれ

表7.1 エラストマーブレンドの目的

力学的性質の改良	破壊強度, 弾性率, 破断時伸び, 耐摩耗性, 反発弾性, 機械的耐疲労性, 耐衝撃性など
熱的諸特性の改良	耐熱, 耐寒, 発熱性の改善
化学的性質の改良	耐オゾン性, 耐油性, 耐溶剤性, 耐水性, 耐熱老化性, 架橋性, 難燃性などの改善
加工法の改良	混練性, 押出し特性, カレンダー性, 成形性などの改善
寸法性の改良	永久ひずみ, クリープ性の改善
その他物性の改良	摩擦性, ガス透過性, 接着だなどの改善
コストの改良	物性を損なわない範囲内でより安価なポリマーをブレンド

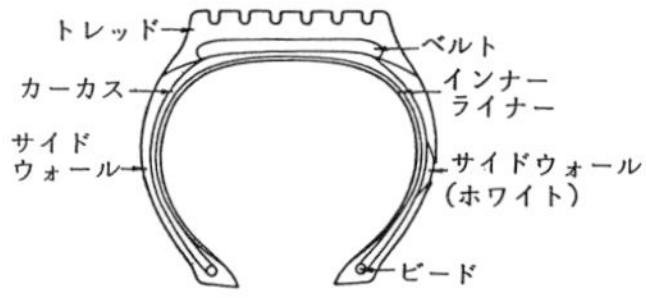

図7.1 タイヤ断面の模式図

表7.2 乗用車およびトラック用タイヤ各部のゴム材料例

	Passenger	Truck
トレッド	SBR-BR	NR[a]-BR or SBR-BR
ベルト	NR	NR
カーカス	NR-SBR-BR	NR-BR
サイドウォール(黒)	NR-SBR or NR-BR	NR-BR
サイドウォール(白)	NR-SBR-EPDM-IIR[b]	—
インナーライナー	NR-SBR or NR-SBR-IIR	NR-IIR

[a]合成ポリイソプレン, IR を含む.
[b]ハロゲン化ブチルを含む.

それの要求性能を満たし, さらにコスト・加工性とバランスさせながら原料ゴムの組み合わせが選ばれています.

7.2 エラストマーブレンドと相溶性

2種以上の異種ポリマーを混合したものをポリマーブレンドとよんでいます. ゴム補強樹脂の代表格である HIPS (耐衝撃ポリスチレン) や ABS (アクリロニトリル・ブタジエン・スチレン共重合体) 樹脂のように非相溶性ポリマーブレンドではあるが, 界面や相構造が修飾される結果, 実用に供されている, ある優れた物性を発現するポリマーブレンドを一般にポリマーアロイとよんでいます. しかしエラストマーどうしのブレンドは実用的に用いられていてもエラストマーアロイという呼び方はあまり一般的ではありません. したがってここで用いる "エラストマーブレンド" という言葉は実用に供されるエラストマーどうしのブレンドを意味することとします.

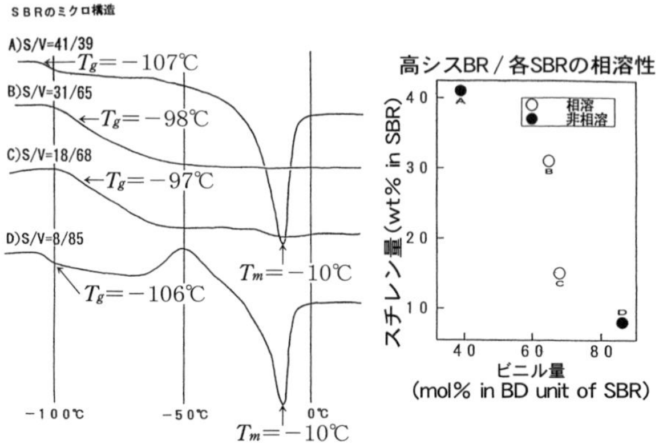

60　　　第7章　エラストマーブレンド

図7.2　高シス BR／ミクロ構造の異なる SBR
ブレンド系（未架橋）の DSC 曲線

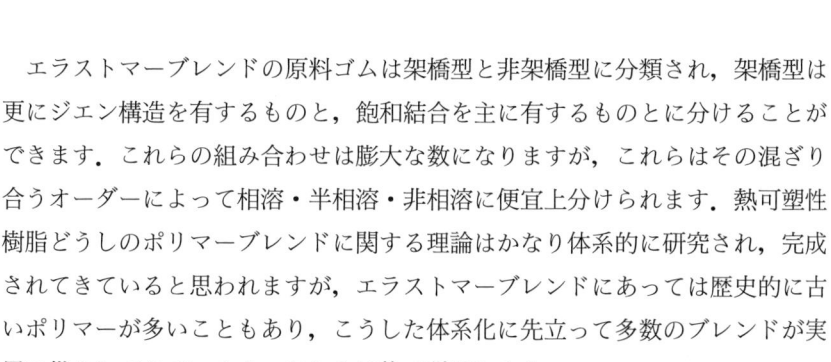

　エラストマーブレンドの原料ゴムは架橋型と非架橋型に分類され，架橋型は
更にジエン構造を有するものと，飽和結合を主に有するものとに分けることが
できます．これらの組み合わせは膨大な数になりますが，これらはその混ざり
合うオーダーによって相溶・半相溶・非相溶に便宜上分けられます．熱可塑性
樹脂どうしのポリマーブレンドに関する理論はかなり体系的に研究され，完成
されてきていると思われますが，エラストマーブレンドにあっては歴史的に古
いポリマーが多いこともあり，こうした体系化に先立って多数のブレンドが実
用に供されてきています．これらは後で説明します．

　エラストマーどうしのブレンドはほとんどが非相溶であり，分散ゴム成分の
分散粒子径は 0.2～数十 μm 程度であるといわれていますが，エラストマーど
うしの溶解度パラメータ（SP 値）や混練時のトルク，分散させるエラストマー
の見かけの粘度などにも左右されます[3]．一方，DSC[*]によるガラス転移温度
（T_g）や tanδ（損失正接）[**]が両エラストマーの中間に位置するブレンド系や
顕微鏡的にみて相溶している系もいくつか知られています[3]．相溶系の例とし

---

　[*]　代表的熱分析手法の一つ．ガラス転移温度，融点など物質の熱的な相転移点を測定す
　　る．
　[**]　動的粘弾性特性の一つ．エラストマーなど粘弾性体のエネルギー損失に関係する値．
　　振動応力と振動ひずみの位相差 δ の正接．

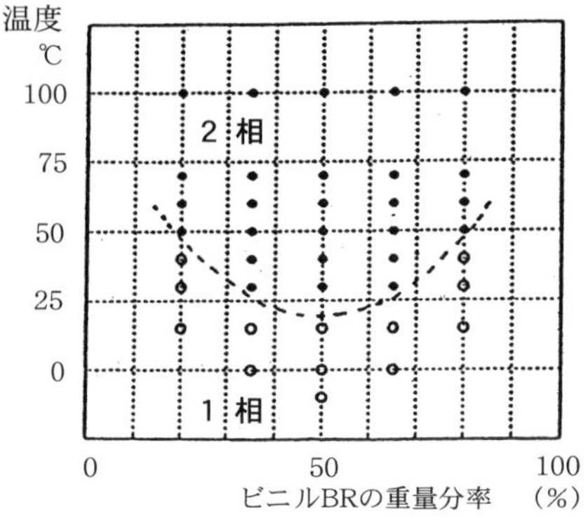

7.2 エラストマーブレンドと相溶性　　61

温度 ℃

100

75

50

25

0

2 相

1 相

0　　　　　　　50　　　　　　100
ビニルBRの重量分率　（％）

図7.3 低シス BR(a)／ビニル BR(b) ブレンド系の LCST 型相図
a; Mn=16万, シス／トランス／ビニル=39/50/11
b; Mn=16万, シス／トランス／ビニル=20/22/58

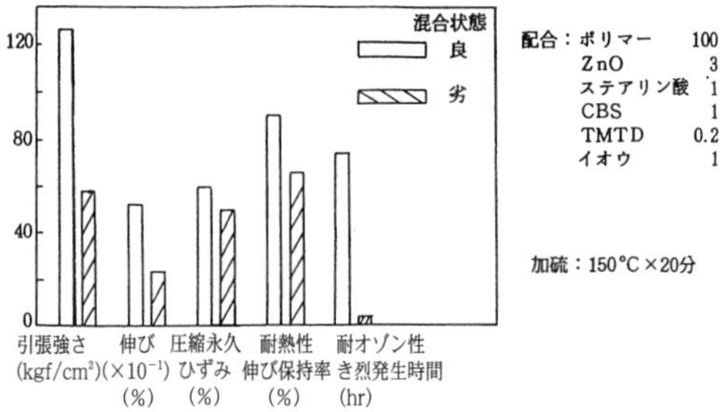

120

80

40

0

混合状態
□ 良
▨ 劣

配合：ポリマー　100
　　　ZnO　　　　3
　　　ステアリン酸　1
　　　CBS　　　　1
　　　TMTD　　0.2
　　　イオウ　　　1

加硫：150℃×20分

引張強さ　伸び　圧縮永久　耐熱性　耐オゾン性
(kgf/cm²)(×10⁻¹)　ひずみ　伸び保持率　き烈発生時間
　　　　　(%)　(%)　(%)　(hr)

図7.4 NBR/PVC ブレンドゴムの性能に及ぼす混合状態の影響

て高ビニル BR と NR，高ビニル BR と IR, IIR と塩素化 IIR，スチレン量の異なる SBR どうしなどが挙げられます．図7.2[4] に高シス BR とミクロ構造の種々異なる SBR ブレンド系のブレンド比 50／50 の相溶性の変化を DSC で調べたものを示します．SBR のミクロ構造（ここではビニル（V）とスチレン量（S））が変わることによって A) D) のように非相溶である場合と，B) C) のように相溶である場合の例を示したものです．A) D) ではブレンド後の SBR の T_g が SBR 単独のものと変わらず，高シス BR の融点も観察されていることから非相溶系であることが，わかります．一方，B) C) ではブレンド物の T_g が高温側にシフトし，しかも高シス BR の融点が消失していることから相溶系であることがわかります．

　ところで相溶と非相溶の中間の相溶性を示すブレンドは半相溶（物理的な意味は不明．観測するオーダー・手法・条件によっては相溶にも非相溶にもなり得る）とよばれますが，実は相溶・非相溶という言葉自体かなり曖昧です．本来，熱力学的パラメータの大小・正負で表現すべきであるという考え[5]や相溶（miscible）と相容（compatible）は同じ意味ではなく，前者は異種ポリマーがセグメント単位で溶け合って一相になっている状態を表し，後者は材料開発研究の努力目標の目安を表すものであるという意見[5]が熱可塑性樹脂どうしのブ

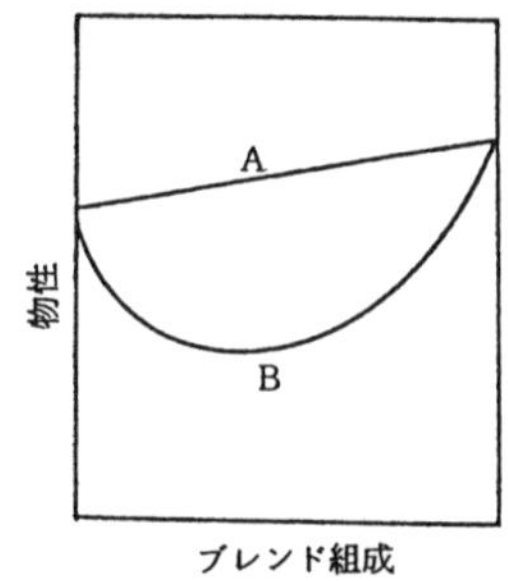

62　　第7章　エラストマーブレンド

表7.3　架橋ゴム用途の市販ポリマーアロイ

ポリマー種	組　成	アロイ化手法
NBR/PVC	65〜85/35〜15	ブレンド
NBR/EPDM	70/30, 60/40, 40/60	ブレンド
Q/EPDM		ブレンド
BR/SVB	92/8, 88/12	2段重合
NR/PMMA	70/30, 51/49	グラフト共重合

図7.5　エラストマーブレンド系のブレンド率と物性
A：共架橋性がよい場合，B：共架橋性が悪い場合

レンド研究においては一般的になってきています．その意味では厳密には相容と相溶が混用される場合もありますが，エラストマーブレンドの分野で従来から慣用的に使用されている「相溶」という言葉のみをここでは使用することにします．

　界面や相構造はブレンド比率や架橋等の影響も受けますし，当然相溶性は温度によっても変わります．図7.3[6]に低シスBRとビニルBRの50／50ブレンドの相溶域をビニルBRブレンド比率と温度との関係で示しますが，このように下に凸の相図，すなわち低温領域で相溶し，高温領域で相分離する系を下限臨界共溶温度（LCST）型とよびます．また，逆に上に凸型の相図，すなわち低温側で相分離し，高温領域では相溶する場合もあり，これは上限臨界共溶温度（UCST）型とよんでいます．これ以外の相図もいくつか知られていますが，優れた参考書を挙げますので興味のある方はそちらを参照下さい[7]．

　SBRとBRは通常温度では非相溶ですが，加硫温度では相溶し，加硫によって共架橋させた結果，構造が固定化されてtanδが一山になる場合もあることが知られています．これはこのブレンドがUCST型の相図を示すためと考えられます．

　エラストマーブレンドには相溶すると特性がよくなる（各成分の個性を残さないほうがよいもの）——例えば「耐候性ゴムブレンド」——場合と，特性が悪くなる——例えば「タイヤトレッド用ゴム」——場合があります．特性がよくなる場合の代表であるNBR／PVCブレンドの特性例を図7.4[8]に示します．

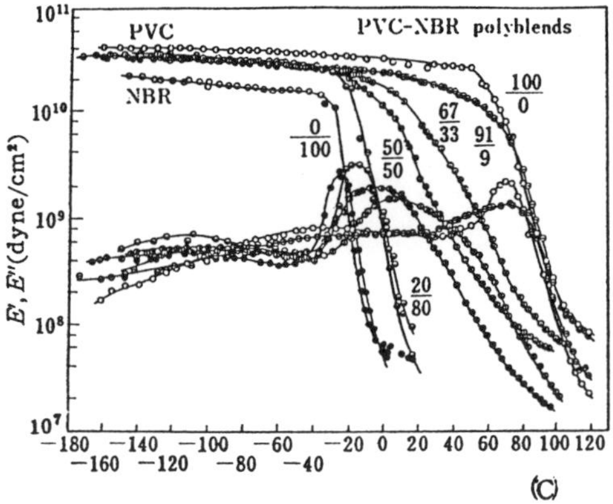

7.2 エラストマーブレンドと相溶性　　63

図 7.6　NBR/PVC ブレンドの動的粘弾性

良相溶イメージ

非相溶ポリマーの仲を
相溶化剤がとりもっている
イメージ

どのような特性を発現させるかによってエラストマーの種類や構造，ブレンド
の条件が適宜選択されます．

　なお，日本ゴム協会誌第 72 巻 9 月号でタイヤトレッドで使われるエラスト
マーブレンドとタイヤサイドウォールに使われるエラストマーブレンドについ
て資料のなかに実例が示されていますのでそちらも参照下さい．

7.3 エラストマーブレンドとその共架橋ゴム物性

前項は未架橋エラストマーどうしの相溶性について説明してきました．エラストマーブレンドが製品として実用に供されるには架橋という高温での化学反応工程を経る必要があります．架橋については第8章で詳しく説明しますので，ここではエラストマーブレンドと関連することを簡単に述べるにとどめます．**図7.5**にエラストマーどうしをブレンドし，架橋した際の物性をモデル的に示しました．横軸にブレンド比，縦軸に破壊特性のような物性をとりますと，Aのように加成性を示すものはむしろ少なく，Bのように物性は両者の中間をとらないでそれぞれの両者よりも低下してしまうのが通常です[9]．

工業的にはAのような挙動を示す場合は共架橋性がよく，Bのような場合を共架橋性が悪いとしています．しかし実際にはAの場合でも，エラストマーどうしが分子レベルで相溶して互いに架橋されているのか，系が非相溶であっても両相の界面で架橋が行われているのかなど，不明な点が多いといわれています．これを確認する有効な手段はなく，むしろ諸物性を測定して加成性が成り立つかを検討したほうが近道といわれています[8]が，異種ゴムでは溶剤に対する膨潤度が異なることを利用する方法も提案されています[10]．

7.4 エラストマーブレンドと製品

以上述べたようにエラストマーブレンドは共架橋によって性能を発現させます．架橋ゴムは，ゴム加工メーカーでブレンド手法が採用できるために特別に調製された市販のエラストマーブレンド材料はあまりありません．**表7.3**[11]に架橋ゴム用途の市販エラストマーブレンド例を示します．これらについていくつかのデータを示し，以下に説明します．

(1) NBR／PVC

これらの両ポリマーは相溶性に優れていることが以前から経験的にわかっていますが，動的粘弾性[*]による E'，E'' からは相溶説 (**図7.6**)[12]，電顕などからは非相溶説，半相溶説等があることが報告されています．それというのも

---

[*] 粘弾性体に周期的な刺激を加えたときの応答．動的弾性率 (E')，動的粘性率 (E'') および両者の比 $\tan\delta = E'/E''$ で表される．

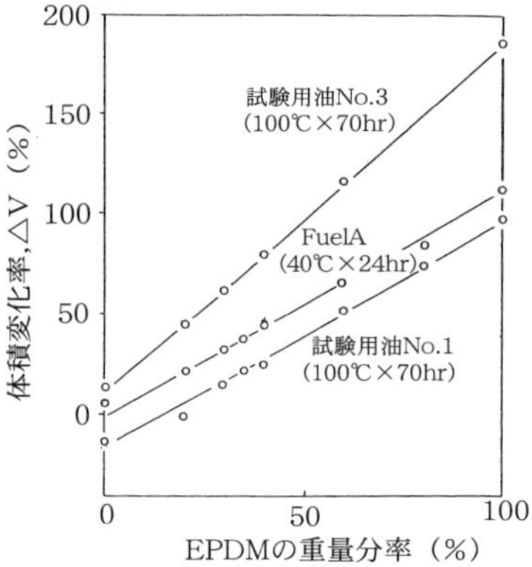

7.4 エラストマーブレンドと製品　65

図7.7 NBR/EPDM ブレンド比と耐油性

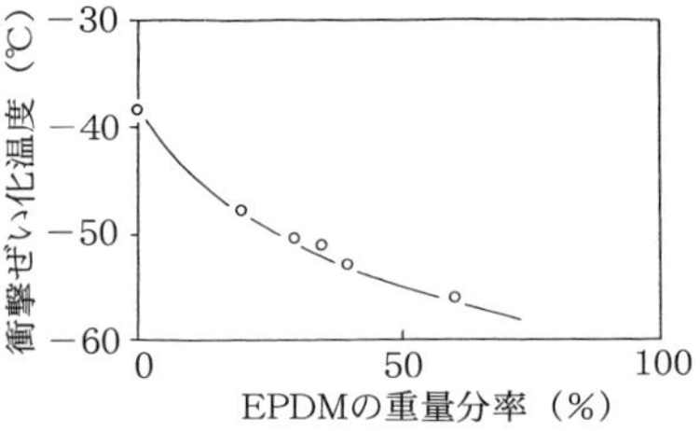

図7.8 NBR/EPDM ブレンド比と耐寒性

表7.4 種々のオゾン劣化試験条件下でのき裂の状態（40 ℃, 168 時間後：JIS K 6259）

オゾン濃度 (pphm)	静的伸長率 (%)	ブレンド比：EPDMの重量分率(%)							
		0	20	30	35	40	60	80	100
1.000	100	—	—	—	—	B5	B4	NC	NC
1.000	50	—	—	—	X	NC	NC	NC	NC
80	100	X	X	X	A2	A1	A1	NC	NC
80	60	X	X	B4	B1	A1	NC	NC	NC
80	40	X	X	B1	NC	NC	NC	NC	NC
80	20	C5	B1	NC	NC	NC	NC	NC	NC

X：切断　　NC：き裂なし

き裂の数	き裂の大きさおよび深さ
A：き裂少数 B：き裂多数 C：き裂無数	1. 肉眼では見えないが10倍の拡大鏡では確認できるもの 2. 肉眼で確認できるもの 3. き裂が深くて比較的大きいもの(1 mm 未満) 4. き裂が深くて大きいもの(1 mm 以上 3 mm 未満) 5. 3 mm 以上のき裂又は切断を起こしそうなもの

備考 1. き裂の状態を記録するには，き裂の数，き裂の大きさおよび深さを組み合わせて表す．
　　　　例　A—4
　　　2. 特に縁辺部に発生したき裂を表示する場合，記号 e を用いる．
　　　　例　eA—4

NBR 中のアクリロニトリル含率，NBR／PVC 比率，PVC の重合度，NBR-PVC の混練度によっても相溶から非相溶まで変化する[13]からです．特に NBR 中のアクリロニトリル含率が高いと相溶系になる[11]ことが知られています．NBR 単独系と比較すると，引張強度，引裂強度，耐摩耗性，耐油・耐溶剤性，

耐オゾン性，加工性等の特性が改良され，難燃性が付与されます．

(2) NBR／EPDM

NBR は極性が高く，一方 EPDM は低いため，通常のブレンド方法では組成比によっては破断特性の著しい低下[11] が起こります．そのままでは相容れないどうしを混ぜ合わせるために相容化剤の検討も進んでいます．適切な相容化剤を添加するなど相溶性改善の工夫によって単純なエラストマーブレンドに比べて引張強さ，伸び，屈曲性，動的疲労特性等が大きく向上することがわかってきました．EPDM はもともと耐候性に優れ，NBR は耐油性に優れます．したがって両者のエラストマーブレンドは耐候性耐油性と両特性のバランスのとれた材料として自動車用ホースカバー，プロパンガスホース，ブーツ，ダストカバー等の用途に使われています．図 7.7，7.8 に共架橋したフィラー等充てん剤の入った，NBR／EPDM エラストマーブレンド中の EPDM 重量分率と耐油，耐寒性を[14]，また，表 7.4 には耐オゾン性の結果をそれぞれ示します[15]．

(3) Q（シリコーンゴム）／EPDM

Q は耐熱性に優れますが機械的強度，耐熱水性に難点があります．EPDM は強度，耐熱水性に優れますが，耐熱性は Q より劣ります．両者のブレンドによって互いの欠点を克服したのがこのエラストマーブレンドです．特殊なシランカップリング剤によって EPDM と Q の骨格構造であるポリシロキサンがネットワーク化された構造も報告されています[10]．自動車用ラジエーター・ヒーターホース，プラグブーツ等のエンジンルーム内の耐熱部品，ブラウン管のアノードキャップ，キーボード類等の電機部品，ソーラーシステム用部品，軟質ゴムロール等が具体的用途にあげられます．性質は Q と EPDM の中間に位置づけられています．

(4) BR／シンジオタクチック 1,2-BR（SVR）

このポリマーブレンドは，通常のブレンド法とは異なり，リアクターで二段重合して作るのが特徴[16] です．まず，チグラー系触媒を用いて前段でシス-1,4-重合し，ついでシンジオタクチック 1,2-重合します．SVR の針状結晶が BR マトリックス中に微細，かつ均一に分散されています．SVR の側鎖の二重結合は極めて反応性に富み，加工工程中にバウンドラバーを形成したり，あるいは加硫工程中で BR マトリックスと共架橋を形成し，その界面はより強固になって

いると考えられています．BR の欠点である引裂強度や耐き裂成長性および加工性が著しく改良され主にタイヤ用途に使われています．

(5)　NR／ポリメタクリル酸メチル（PMMA）

ベースポリマー（天然ゴム）の主鎖に PMMA をグラフト共重合させて作るタイプの変わったポリマーブレンドです．エラストマーどうしのブレンドではありませんが，耐屈曲性，耐切傷成長性に優れ，防振ゴム用途[16]に用いられています．

このほかに市販されていない実に数多くのエラストマーブレンドがあり，ゴムの加工メーカーはそれぞれの目的・用途に応じてブレンド・配合・架橋等に工夫を凝らしているのが現状です．

参考文献

1)　小高忠男，西　敏夫：「ポリマーアロイ（第 2 版）」高分子学会編（1993），p. 274

2)　Paul, D. R., Newman, S.: Polymer Blends（Vol. 2）（Academic Press, N. Y., 1978）p. 265, Fig. 1

3)　小高忠男，西　敏夫：「ポリマーアロイ（第 2 版）」高分子学会編（1993），p. 273

4)　旭化成工業株式会社・合成ゴム事業部提供

5)　井上　隆：高分子，**45**（7），447（1996）

6)　斉藤　章，唐牛正夫：日本ゴム協会 1992 年年次大会予稿集，p. 7

7)　Utracki, L. A., 西　敏夫訳：「ポリマーアロイとポリマーブレンド」（東京化学同人，1994）p. 2

8)　井上　隆，竹村泰彦：「高性能エラストマーの開発」（大成社，1979）IV-1

9)　Woods, M. E., Davison, J. A.: *Rubber Chem. & Technol*., **49**, 112（1978）；秋山三郎，井上　隆，西　敏夫：「ポリマーブレンド」CMC 編（1991）p. 236

10)　Zapp, R. L.: *Rubber Chem. Technol*., **46**, 251（1973）

11)　大柳　康：「実践ポリマーアロイ」（アグネ承風社，1993）p. 263

12)　高柳素夫：プラスティックス，**13**（9），1（1962）

13)　Schwarz, H. F., Edwards, W. S.: *Appl. Polym. Symp*., **25**, 243（1974）

14)　秋山三郎，井上　隆，西　敏夫：「ポリマーブレンド」CMC 編（1991）p. 286

15)　JSR 株式会社，NBR／EPDM ブレンド技術資料

16)　山本新治：日本ゴム協会誌，**60**, 12（1987）

第8章　ゴムの架橋と薬剤

8.1　はじめに

　第5章から第7章にわたりゴム製品に使用される原料ゴム，カーボンブラック（補強剤），繊維およびスチールなど（補強材），そして原料ゴムのブレンドについて解説してきました．使用目的や条件に合うようにゴム製品にはいろいろな配合に工夫がなされていることをわかっていただけたと思います．

　第2章で述べたようにゴムが大きく伸び縮みする性質を示すのはゴム分子の間で橋架け（架橋といいます）されているためです．表8.1に示すようにゴムコンパウンドは橋架けされることで強度などの機械的物性および耐熱性，耐油性などが著しく向上します[1]．そのため，ゴム製品のほとんどは架橋された状態で使用されています．ゴムが発見されたばかりの頃，まだ架橋技術を知らなかった当時のゴム製品は寒いときには硬く，暑いときには柔らかくなってすぐに変形し，大変使いづらいものであったようです．優れた原料ゴムや補強材をいくら組み合わせても，架橋されていないゴムはゴム弾性が充分ではなく，ゴ

表8.1　加硫によるゴムの物性変化

物　性	生ゴム	加硫ゴム
弾　　　　　　　性	低	高
加　　塑　　　性	高	低
モ　ジ　ュ　ラ　ス	低	高
引　張　強　さ	低	高
伸　　　　　　び	高	低
硬　　　　　さ	低	高
結晶化(温度による)	易	難
(ひずみによる)	難	易
膨　潤(溶　剤)	易	難
圧　縮　ひ　ず　み	大	小
耐　　熱　　度	小	大

ム製品としての機能を発揮することができないのです．ゴム製品が作られる工程で架橋は最終段階に行われます．架橋が適正になされているかどうかでゴム製品の性能が最終的に決定されるといえます．このように架橋は大変重要な技術です．本章ではこの架橋について解説します．

　昔から架橋のことを加硫とよんでいます．これは，ゴムに硫黄を加えて，硫黄でゴム分子の間を架橋することに由来しています．硫黄以外の薬剤で架橋する場合でも加硫という場合が多くあります．しかし，本書では固定化された名称，例えば加硫ゴム，加硫促進剤，加硫試験機，加硫時間，加硫速度，熱空気加硫などはそのまま加硫という言葉を使い，固定化されていないものは架橋とよぶことにします．

　では，ゴムの架橋反応，代表的な架橋方法と使用する薬剤および架橋反応機構について順次説明を進めます．

8.2　ゴムの架橋反応について

　ゴムを架橋するには，原料ゴムに架橋剤および架橋を促進させる加硫促進剤および加硫促進助剤を添加することが必要です．例外として，過酸化物架橋のように加硫促進剤を必要としない方法もあります．次にそのゴムを一定時間加熱しなければなりません（通常120〜200℃）．架橋は化学反応ですから，加熱温度が高いほど短時間で完了します．加熱温度が10℃高くなれば架橋完了までの時間は約半分になります．加熱開始から架橋完了までの様子を加硫試験機による典型的な加硫曲線図に示します（**図8.1**）．横軸は加熱時間，縦軸はトルク値です．トルク値は架橋密度の尺度を示します．未加硫ゴムが加熱されてから架橋反応が開始するまでに誘導時間があります．この時間が長いと加工安定性（スコーチ安定性ともいう）が良好といえます．ゴム製品は架橋する前に形を整える工程（成形）が必要です．このときに多少の熱がかかります．成形中に架橋が始まると製品にならないため，成形工程に応じた誘導時間が必要になります．

　架橋反応が進んで架橋密度が高くなるにつれてトルク値は高くなり，あるところでほぼ一定となります．ここで架橋が完了したと判断できます．トルクが上がり始めた点（架橋反応開始）から架橋完了までの時間が架橋形成時間であ

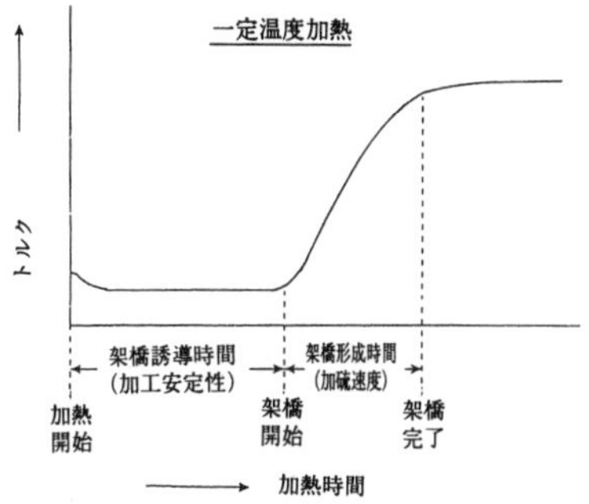

70 第8章 ゴムの架橋と薬剤

図 8.1 典型的な加硫曲線

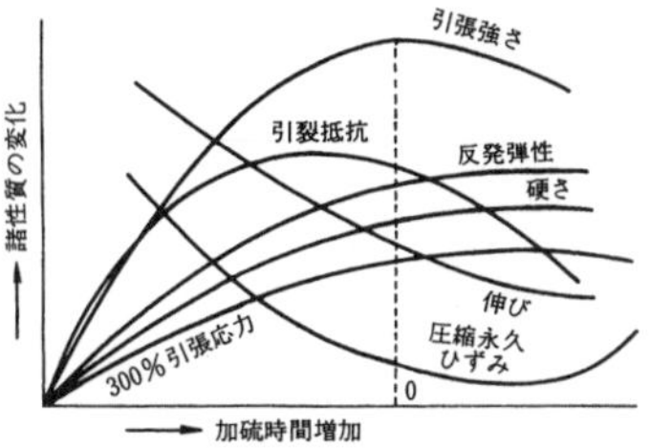

図 8.2 加硫時間による諸性質の変化

り，加硫速度とよびます．加熱開始から架橋完了までの時間を加硫時間とよび
ますが，加硫ゴムの諸性質は加硫時間の長短で図 8.2 に示すように変化しま
す[2]．

8.3 ゴムの架橋方法

代表的な架橋方法と架橋可能なゴムについて表 8.2 に，ジエン系ゴムにおけ
る代表的な架橋方法とゴム製品を表 8.3 に示します．

それでは，代表的な架橋方法について，関係する薬剤（架橋剤，加硫促進剤，
加硫促進助剤など）を説明します．

8.3.1 硫黄架橋

(1) 硫黄架橋の発見

1839 年にグッドイヤー（米国）が生ゴムに硫黄を添加して加熱すると架橋が
形成され，見違えるほどの耐久性をもつゴムに変身することを発見しました．
この発見は偶然であったと伝えられていますが，ゴム技術の歴史で最大級の発
見です．

その架橋反応機構は図 8.3 に示すとおり進行すると考えられています[3]．硫
黄は常温では硫黄原子 8 個が環状につながった分子です（S_8）．この環状分子
は約 160 ℃の高温で分子が切れ（開環する），ゴム分子と反応し架橋します．こ
こで重要なことは，ゴムが分子中に二重結合をもっているかどうかです．硫黄
架橋には二重結合が必要です．幸運にも天然ゴムは多くの二重結合をもってお

表8.2　代表的な架橋方法と架橋可能ゴム

架橋方法	ゴムの種類													
	NR	BR	SBR	NBR	EPDM	EPM	IIR	CR	CSM	CM	ECO	ACM	Q	FKM
硫黄	○	○	○	○	○	×	○	○	×	×	×	×	×	×
過酸化物	○	○	○	○	○	○	×	○	○	○	○	○	○	○
キノイド	○	○	○	○	×	○	○	○	×	×	×	×	×	×
樹脂	○	○	○	○	×	○	○	○	×	×	×	×	×	×
アミン	×	×	×	×	×	×	×	○	×	○	○	○	×	○
金属酸化物	×	×	×	×	×	×	×	○	○	○	○	×	×	×
トリアジンチオール	×	×	×	×	×	×	×	○	○	○	○	○	×	×
ポリオール	×	×	×	×	×	×	×	×	×	×	×	×	×	○

架橋可能　○　　架橋不可　×　　　ACM は活性塩素タイプの場合

表8.3　ジエン系ゴムにおける架橋方法とゴム製品

ゴム	架橋方法	ゴム製品例
NR, SBR	硫黄	タイヤ，防振ゴム，ベルト，輪ゴム，履き物
NBR	硫黄	燃料ホース，シール材，パッキン，ロール，靴底
EPDM	硫黄 過酸化物	ウェザーストリップ，スチームホース，ロール，引布，水道用ゴム 自動車ラジエータホース，電線，電気部品ゴム
IIR	硫黄 キノイド 樹脂	インナーチューブ，防振ゴム，医療用ゴム栓 ケミカルコンデンサーパッキン キュアリングバック

1) 硫黄が開環し，ゴムと反応しやすいバイラジカルの生成

2) ゴムと硫黄バイラジカルの反応

3) ゴムのα-メチレン水素が脱水素され，ゴムラジカルの発生

4) ゴムラジカルとバイラジカル硫黄の反応

5) 硫黄架橋形成

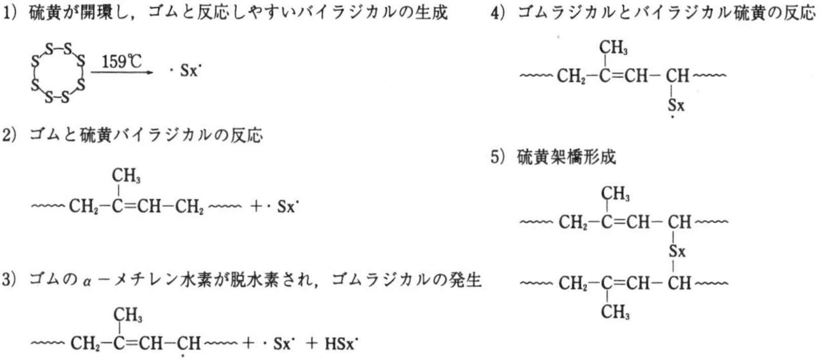

図8.3　硫黄架橋反応機構

り，まさに硫黄架橋されるのを待っていたかのようです．

　二重結合のとなりに位置する α-メチレンとよばれる –CH$_2$– は，CH 結合エネルギーが低いので脱水素されやすく，硫黄架橋の反応点になります．二重結

72   第8章　ゴムの架橋と薬剤

合をもった，ジエン系ゴム（NR, BR, SBR, NBR, EPDM など）から作られるゴム製品の多くは硫黄架橋が採用されています．例えば，タイヤ，防振ゴム，輪ゴム，耐油ホース，自動車や建物の窓枠ゴムなどです．硫黄架橋されたゴムは引張強さや弾性率が大きいなど，機械的物性に優れています．

　現在使用されている架橋剤の硫黄は原油の脱硫工程で得られ，安定供給と低

表8.4　代表的な加硫促進剤

	分類	化学名	略号(JIS)	構造式	促進能力	使用量(phr)
有機加硫促進剤	グアニジン系	ジフェニルグアニジン	DPG	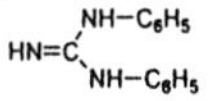 HN=C⟨NH–C₆H₅ / NH–C₆H₅	中庸	0.2〜1.0
	チウラム系	テトラメチルチウラムジスルフィド	TMTD	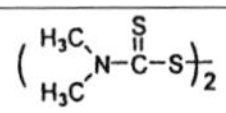 (H₃C)₂N–C(S)–S)₂	超促進剤	0.2〜2.0
		テトラメチルチウラムモノスルフィド	TMTM	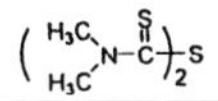 (H₃C)₂N–C(S)–]₂S	超促進剤	0.2〜2.0
	ジチオカルバミン酸塩系	ジメチルジチオカルバミン酸亜鉛	ZnMDC	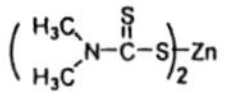 (H₃C)₂N–C(S)–S)₂Zn	超促進剤	0.2〜1.5
	チアゾール系	2-メルカプトベンゾチアゾール	MBT	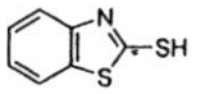 [ベンゾチアゾール]–SH	強促進剤	0.5〜3.0
		ジベンゾチアジルジスルフィド	MBTS	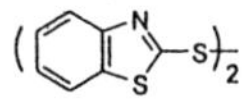 ([ベンゾチアゾール]–S)₂	強促進剤	0.5〜3.0
	スルフェンアミド系	N-シクロヘキシル-2-ベンゾチアゾールスルフェンアミド	CBS	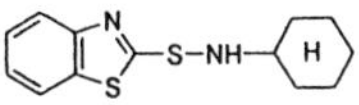 [ベンゾチアゾール]–S–NH–⬡	遅効性促進剤	0.5〜3.0
		N-t-ブチル-2-ベンゾチアゾールスルフェンアミド	BBS	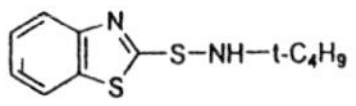 [ベンゾチアゾール]–S–NH–t-C₄H₉	遅効性促進剤	0.5〜3.0

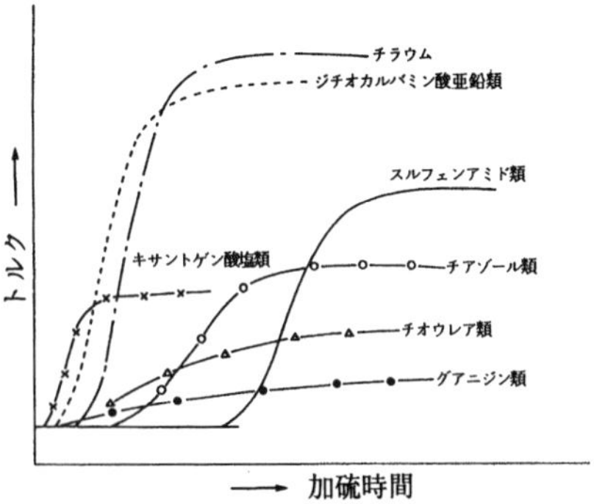

図8.4　加硫促進剤の種類による加硫曲線イメージ

8.3 ゴムの架橋方法　　73

コストであることも魅力です．

(2) 硫黄架橋における加硫促進剤

　硫黄架橋には，硫黄のほかに反応を促進する加硫促進剤および酸化亜鉛の添加が必要です．加硫促進剤が発見される以前は加硫に数時間から数十時間という長時間を必要としていました．1906年にオーエンスレーガー（米国）が加硫促進剤（アニリン）を発見し短時間で硫黄架橋ができるようになりました．それが今日のゴム工業の発展につながっています．この発見も歴史的大発見といえます．

　アニリンの発見ののち，新しい加硫促進剤が次々に開発され，現在は多くの種類が商品化されています（表8.4）．加硫促進剤の種類によって異なる加硫曲線が得られます（図8.4）．図8.4をみると加硫促進剤は，スコーチ安定性が良好でかつ加硫速度の速いスルフェンアミド系が理想的と考えられます．実際にCBS, BBS, といったスルフェンアミド系促進剤が最も多く使用されています．しかし，ゴムは熱伝導率が低いため，大きなゴム製品を加硫する場合，内部まで熱が伝わるのに時間がかかります．速い加硫速度を選ぶと，表面と内部で架橋完了までに要する時間がずれてしまいます．表面はオーバーキュア（過加硫）で内部はアンダーキュア（未加硫）という状態になりかねません．ゴム製品は全体的に架橋密度が均一になるように架橋するのが理想的ですので，製品の形や架橋方法の違いによって加硫速度も制御する必要があります．ニーズにしたがって多種の促進剤が開発されてきたのです．製造現場では，数種類の促進剤を組み合わせるなど，それぞれのゴム製品の作り方に最も適した加硫系が選択されています[4]．

(3) 硫黄架橋における加硫促進剤，助剤の作用機構

　代表的な加硫促進剤2-メルカプトベンゾチアゾール（MBT）の作用機構を図8.5に示します[5]．加硫促進剤は硫黄架橋反応の触媒として作用します．そのとき加硫促進剤と酸化亜鉛の反応が重要です．図8.6に示すように加硫促進剤と酸化亜鉛のどちらか一方がないと架橋は充分に進行しません．酸化亜鉛がないと加硫促進剤がゴムにペンダントの形で固定化されてしまい，触媒作用が消失すると考えられています．架橋完了後，加硫促進剤は亜鉛塩の形に変化し，ゴム中に残存します．ステアリン酸も架橋度向上に寄与します．ステアリン酸

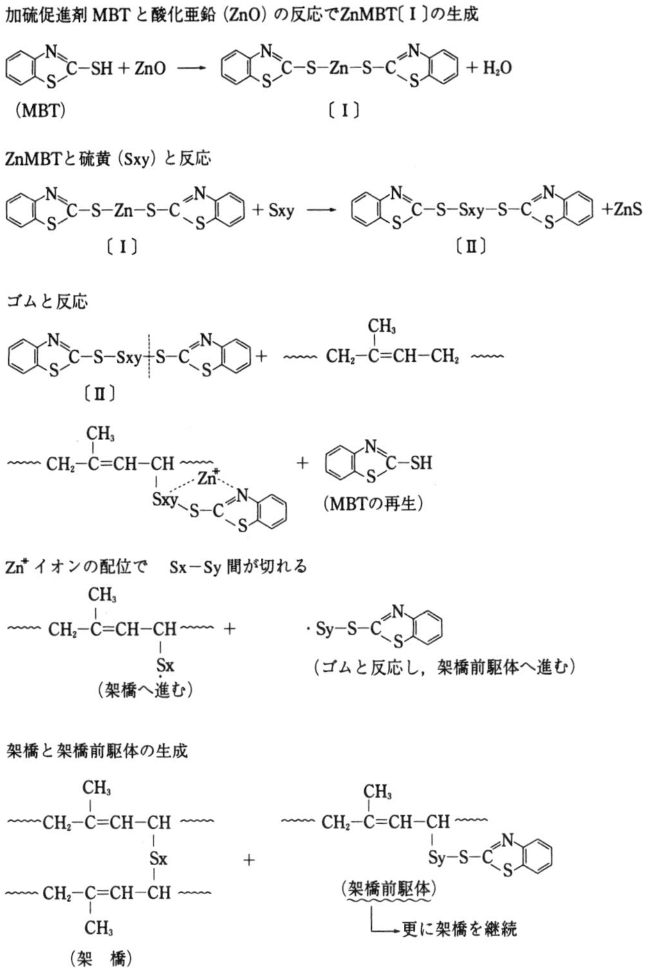

74   第8章　ゴムの架橋と薬剤

1) 加硫促進剤 MBT と酸化亜鉛 (ZnO) の反応で ZnMBT〔Ⅰ〕の生成

（MBT）　　　　　　　　　　　　　　〔Ⅰ〕

2) ZnMBT と硫黄 (Sxy) と反応

〔Ⅰ〕　　　　　　　　　　　　　　〔Ⅱ〕

3) ゴムと反応

〔Ⅱ〕

（MBT の再生）

4) Zn$^+$ イオンの配位で　Sx−Sy 間が切れる

Sx
（架橋へ進む）

・Sy−S−C
（ゴムと反応し，架橋前駆体へ進む）

5) 架橋と架橋前駆体の生成

Sx
（架橋）

Sy−S−C
（架橋前駆体）
→更に架橋を継続

図 8.5　加硫促進剤 MBT の作用機構

は酸化亜鉛と反応し，ゴムに相溶性のよいステアリン酸亜鉛になることで，加硫促進剤として働く亜鉛イオンの効果を高めると考えられています．ステアリン酸の添加は，練りゴムのロールへの粘着防止や架橋時の金型への粘着を防ぐなど，加工助剤としての目的もあります．

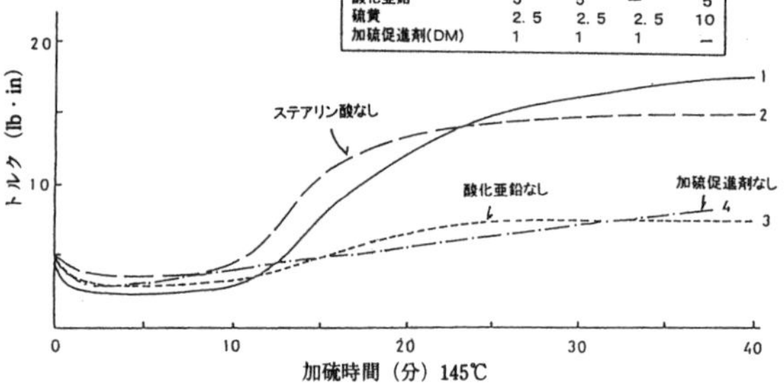

8.3 ゴムの架橋方法　75

図 8.6 硫黄架橋における加硫促進剤，酸化亜鉛，ステアリン酸の効果

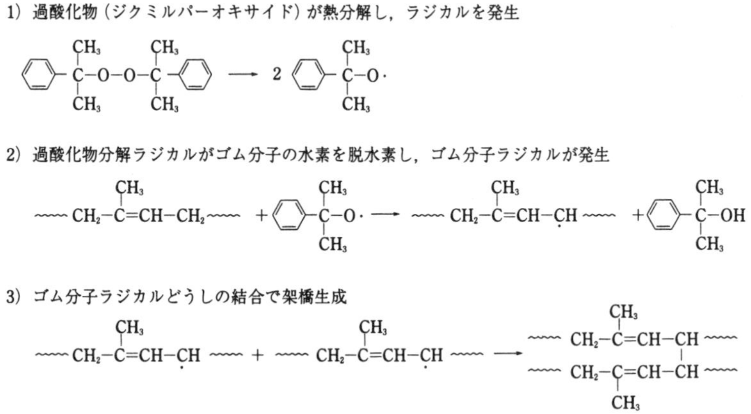

1) 過酸化物（ジクミルパーオキサイド）が熱分解し，ラジカルを発生

2) 過酸化物分解ラジカルがゴム分子の水素を脱水素し，ゴム分子ラジカルが発生

3) ゴム分子ラジカルどうしの結合で架橋生成

図 8.7 過酸化物架橋反応機構

(4) 低硫黄配合

　通常の硫黄架橋ゴムは硫黄を1～3 phr 添加します．架橋形態としてポリスルフィド架橋が多く形成されるため機械的物性に優れていますが，耐熱性が不充分な場合があります．良好な耐熱性を求める場合，硫黄の添加量を少なくして（通常 0.5 phr 以下），多量の加硫促進剤を配合する場合があります．このような低硫黄配合では，硫黄を放出し架橋剤としても作用するチウラム系加硫促進剤が多く用いられます．硫黄量と加硫促進剤の組み合わせによって，有効加硫（EV 加硫ともいう）また半有効加硫（semi-EV 加硫）ともよばれます．こ

76   第8章　ゴムの架橋と薬剤

表8.5　過酸化物架橋に使用される有機過酸化物

化学名(略号)	構造式	半減期温度(℃) 1分	10時間	有効官能基数	特　徴
2,4-Dichloro benzoyl peroxide (DC-BPO)	(構造式)	112	54	1	シリコンゴム架橋 低温で使用
Benzoyl peroxide (BPO)	(構造式)	130	74	1	シリコンゴム架橋
1,1-Di-(t-butyl peroxy) 3,3,5-trimethyl-cyclo-hexane(3M)	(構造式)	148	90	1	架橋速度大
n-Butyl-4,4-bis(t-butyl peroxy)valerate(V)	$CH_3CCH_2CH_2$ ... $(CH_3)_3COO$ ... $(CH_3)_3COO$ $C-O(CH_2)_3CH_3$	166	105	1	架橋速度大
Dicumyl peroxide(DCP)	(構造式)	171	117	1	汎用架橋剤
Di-t-butyl peroxy di-isopropyl benzene(P-F)	$(CH_3)_3COO-C$ ... $C-OOC(CH_3)_3$	175	113	2	架橋効率大
2,5-Dimethyl-2,5-di(t-butyl peroxy)hexane (25B)	$CH_3-C-CH_2CH_2-C-CH_3$ $(CH_3)_3COO$ $OOC(CH_3)_3$	179	118	1	架橋物臭気なし
2,5-Dimethyl-2,5-di(t-butyl peroxy)hexyne-3 (ヘキシン-3)	$CH_3-C-C\equiv C-C-CH_3$ $(CH_3)_3COO$ $OOC(CH_3)_3$	193	135	2	高温架橋

の架橋方式では比較的熱的に安定なモノおよびジスルフィド架橋が多く形成されます．耐熱性および耐圧縮永久ひずみ性に優れる架橋ゴムが得られ，防振ゴムや耐油ホースなどの製品に適用されています．ただし引張強さは若干劣ります．

8.3.2　過酸化物架橋

　パーオキサイド架橋ともよばれ，硫黄架橋についで多く採用されています．図8.7に示すように架橋剤の有機過酸化物がゴム中で熱分解し，生じたラジカル（化学的に活性な遊離基）がゴムの炭化水素を脱水素し，ラジカル化されたゴム分子どうしが結合し架橋が形成されます[6]．

過酸化物架橋に使用される代表的な有機過酸化物を**表8.5**に示します[7]．これらは分解温度がそれぞれ異なり，加硫温度に応じて選択されます．有機過酸化物の分解物には臭気が問題になるものもあります．ゴム製品によっては臭気の残らないものが選択されます．

酸化亜鉛は過酸化物架橋での架橋反応には不要です．しかし，架橋ゴムの耐熱性向上に効果があるとされ，添加される場合が多くみられます．過酸化物架橋はゴム中に二重結合がなくても起こるため，多くのゴムに適用できます．ただし，ブチルゴムではゴムの主鎖切断が優先してしまいます．

過酸化物架橋の C-C 結合は硫黄架橋の C-Sx-C 結合よりも熱に対して安定であり，耐熱性に優れます．しかし，引張強さなどの機械的物性は硫黄架橋より劣ります．また，空気中の酸素により架橋の進行が妨害されるため，空気の遮断された加硫方式に使用が限られます．

過酸化物架橋が使われるゴムには，フッ素ゴム（FKM），シリコーンゴム（Q），エチレンプロピレンゴム（EPDM），高飽和ニトリルゴムなどがあります．製品としてはゴムパッキン，電気部品ゴム，自動車ラジエータ用ゴムホースなど多くに採用されています．また，樹脂では電線の絶縁保護被覆である架橋ポリエチレンが過酸化物で架橋されています．

8.3.3 キノイド架橋

架橋剤として p-キノンジオキシム，および p, p'-ジベンゾイルキノンジオキシムが使われます．二重結合をもつゴムに適用できます．加硫速度が速く，120℃程度の低温でも架橋はすみやかに進行します．架橋剤単独では架橋が充分に進行しないので活性剤の併用が必要です．活性剤には過酸化鉛（PbO_2, Pb_3O_4）やジベンゾチアジルジスルフィド（硫黄架橋用加硫促進剤 MBTS）が用いられます．**図8.8**に示すようにキノンジオキシムは活性剤（酸化剤）によって酸化されジニトロソベンゼンになります[8]．これがゴムと反応し架橋が形成されます．キノイド架橋は一般に硫黄架橋より安定であり，耐熱性は良好です．また，銅と接触しても腐食しないため電気部品関係のゴム部品に適しています．IIR（ブチルゴム）に使われる例が多く，これは IIR が過酸化物架橋できないことにも関係しています．

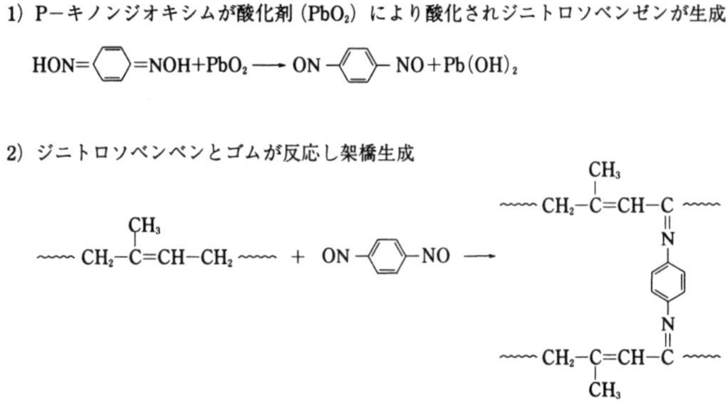

78　第8章　ゴムの架橋と薬剤

1) Pーキノンジオキシムが酸化剤（PbO₂）により酸化されジニトロソベンゼンが生成

$$HON=\langle\bigcirc\rangle=NOH + PbO_2 \longrightarrow ON-\langle\bigcirc\rangle-NO + Pb(OH)_2$$

2) ジニトロソベンベンとゴムが反応し架橋生成

$$\sim CH_2-\underset{CH_3}{\underset{|}{C}}=CH-CH_2\sim \ + \ ON-\langle\bigcirc\rangle-NO \ \longrightarrow$$

図8.8　キノイド架橋反応機構

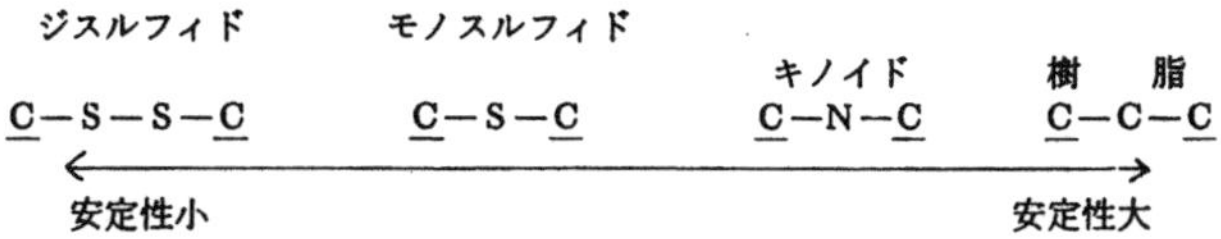

ジスルフィド　　　モノスルフィド　　　　　　　キノイド　　　樹　脂

C-S-S-C　　　　C-S-C　　　　　　C-N-C　　　C-C-C

←――――――――――――――――――――――――→
安定性小　　　　　　　　　　　　　　　　　　安定性大

図8.9　架橋構造による熱安定性

　欠点としては，架橋剤であるキノンジオキシムが高価であること，また汚染性があることです．

8.3.4　その他の架橋

(1)　樹脂架橋

　架橋剤として低分子アルキルフェノール樹脂を用いる架橋方法をいいます．二重結合をもつゴムに適用できます[9]．図8.9に示すように架橋点がC-C結合となるため耐熱性に優れます[10]．

(2)　アミン架橋

　架橋剤としてジアミン化合物（ヘキサメチレンジアミンカルバメートなど）を用いる架橋方法をいいます[11]．架橋点に塩素，フッ素などのハロゲン基をもつゴム（アクリルゴム，フッ素ゴムなど）に適用できます．

(3)　その他

　金属酸化物架橋[12]，トリアジンチオール架橋[13]，ポリオール架橋[14]，電子線架

橋[15] などがあります.

8.4 おわりに

以上ゴムの架橋についてその必要性を説明し，また架橋反応について代表的なものを中心に概説いたしました．本文中に記載できなかった架橋反応機構など参考文献をあげています．ぜひ目をとおしていただきたいと思います．

参考文献

1)　金子秀男：「応用ゴム物性論 16 講」日本ゴム協会編（1931）p. 76

2)　日本ゴム協会編：「ゴム技術の基礎」(1995) p. 212

3)　Farmer, E. H., Shipley, W.: *J. Chem. Soc.*, 1519（1947）

4)　日本ゴム協会編：新版「ゴム技術の基礎」(1999) p. 150

5)　Coran, A. Y.: *Rubber Chem. Technol.*, **37**, 679（1964）

6)　Parks, C. R., Rorenz. O.: *J. Polym. Sci.*, **50**, 287（1961）

7)　氏川典久：日本ゴム協会誌，**63，** 616（1990）

8)　横瀬恭平，荒井哲夫，志賀徹也：日本ゴム協会誌，**33，** 513（1960）

9)　Cuneen, J. I., Farmer, E. H: *J. Chem. Soc.*, 472（1947）

10)　長野早男：「ブチルゴム」合成ゴム加工技術全書（大成社，1983）p. 22

11)　Kovacic, P.: *Ind. Eng. Chem.*, **47**, 1090（1955）

12)　Dontsov, A. A., Novitskya, S. P.: *J. Apply Polym. Sci.*, **21**, 1731（1977）

13)　中村儀郎，森邦夫，岡　作次郎：日本ゴム協会誌，**46，** 779（1973）

14)　友田正康："フッ素ゴムの特長と用途（1）"，ポリマーダイジェスト，**47**（1），77（1995）

15)　西沢　仁："電子線架橋"，「架橋設備ハンドブック」(大成社，1983) p. 135

第9章　加工技術—華麗なる変身—

9.1　はじめに

　これまでに代表的なゴム製品，ゴムの基本的な性質，ゴムの材料，と講座を進めてきましたが，いよいよ加工技術に入ります．最初に加工の全体的流れをご紹介します．次に章を改めて，練りと加硫についてそれぞれ少し詳しく紹介することにします．加工技術はいずれもノウハウとされる部分が多くありますが，まずは工程の流れを追っていきながら代表的な加工設備と各工程の目的を紹介しましょう．

9.2　ゴムの加工工程

　基本的な工程は大きく 1) 原材料受入れ，2) 配合，3) 混練り，4) 練りゴム検査，5) 成形，6) 加硫，7) 仕上げ・検査の 7 工程に分類することができます．

　ものづくりでは〈不具合品を後工程に流さない〉ことがとても重要です．これは最初に材料を仕入れるところから，最終製品を出荷するまで全工程を通していえることです．したがって要所要所で必要な検査を行いながら作業が進められます．

　第 2 章で，ゴムは温度により状態が大きく変化することを説明しました．ゴムの加工はこの温度による粘弾性変化を上手に利用して行われます．

1)　原材料受入れ・保管

　すべての材料は所定の品質を満足するものであることを確認したのち，決められた場所に保管されます．天然ゴムは低温に長く放置すると結晶化が進み加

図 9.1 天然ゴム保管倉庫

図 9.2 代表的なゴムの原材料

工しづらくなるので冬でも暖かい部屋に置かれることが多いようです（図 9.1）．吸湿すると反応性が変わるゴム薬品もあります．必要に応じて温度，湿度が制御されています．保管期限も厳密に決められます．

2) 配 合

ポリマーと充てん剤，加工助剤，加硫剤などを目的に応じて使い分け調合する工程です．所要の品質や価格の要求を満足させ，自社の工程でもっとも作りやすいゴムコンパウンドを作るため，材料設計者が腕をふるう非常に重要な部分です．その昔，配合表は秘中の秘とされ，配合を担当していた配合師とよばれる人はとても大切にされたそうです．

ポリマーのなかで，天然ゴムは多くの場合素練りをしたものが使われます．そのままでは分子量が高すぎて混練加工性がよくないので，あらかじめ素練促進剤を添加して練り，後で加工しやすいように粘度を下げておくのです．

図 9.2 に使われる材料の一部を示します．ゴム製品の原材料については第 5章で説明しています．もう一度思い出して下さい．

3) 混練り

配合表に基づき計量した各種原材料を混ぜ合わせて練り，一つにまとまったゴムコンパウンド（未加硫時は練り生地ともいいます）を作る工程です．配合と同じく，最終製品の特性を左右する非常に重要な作業です．ここでの練り方が悪いと配合材料の分散不良となってしまいます．

バンバリー型ミキサーおよびニーダを図 9.3，9.4 に示します．これらは密閉式混練機といわれます．材料が入るのはチャンバーといわれる中心の部分です．中に並んでいる 2 本の羽根がついたローターが回転しその隙間とチャンバ

82　　第9章　加工技術―華麗なる変身―

図9.3　バンバリー型ミキサー外観とチャンバー内ローター（左上）

ーの内壁の間でせん断力を受けます．このときゴム分子どうしは，こすり合わされて発熱します．せん断力を大きくするほど発熱は大きくなります．ローターに羽根がついているのは材料をまんべんなく混ぜるための工夫です．現場では「ゴムの練りを効かせる」といいます．

　ゴムは室温では固体に見えますが，温度が高くなると流動性が出てきて臼でついているお餅のような状態になります．ここへカーボンブラックや他の配合剤を添加し練り合わせていくのです．

　このような密閉式混練機が考案されるまでは，図9.5に示す2本ロール機ですべての練りが行われていました．まずポリマーをロールに巻き付けてその上から，少しずつカーボンブラックなどの充てん剤やゴム薬品を添加し，必要に応じて可塑剤を加えながら長い時間をかけて均一な練り生地に仕上げていたのです．

9.2 ゴムの加工工程　　83

図 9.4　ニーダ外観（チャンバー開放回転時）

図 9.5　2本ロール機外観

今でもカラフルなゴムを練る場合はこの方法が使われます．開放状態なのでオープン練りといわれます．一方のロールを暖め，他のロールを冷やすことでゴムが暖かいロールに巻きつきます．2本のロールを異方向に異なる速度で回転させると，中にはさまれたゴムにせん断力が加わります．2本のロールをどれだけ近づけるか，その距離を微妙に調整しながらできるだけ短時間でどのバッチも同じような分散状態に練っていくのは職人芸といえます．

ゴムは温度によって粘度が変わります．粘度が異なると混ぜ合わされ方も違ってきます．練りを再現性よく行うには練っている間の温度変化を一定に保つことも重要になってきます．

今はほとんどの工場で密閉式混練機が利用されており，練り時間は大幅に短縮されています．また作業者による練りのばらつきもなくなっています．

ただし，今でも加硫剤は別に添加される場合が多くあります．混練り中に加硫反応が始まってしまっては大変です．まず，加硫剤と加硫促進剤を除いた材料を密閉式混練機で練り，その練り生地を2本ロールに巻きつけ，少し温度をさました後，加硫剤および加硫促進剤を添加します．

4) 練りゴム検査

練り生地ができたところで最初の大きな山場を超したといえます．ここででき具合をチェックします．練りゴム検査には主に次の三つの手法がとられています．

a．ムーニ粘度計を使った粘度およびスコーチ性検査；ゴムの熱安定性を調べる[1]．

b．キャピラリーレオメーターを使った可塑度検査；ゴムの流動性を調べる[2]．

c．キュアメーターを使った加硫特性検査；ゴムの加硫反応挙動を調べる[3]．

これらについて，以前日本ゴム協会誌第69巻から第71巻で掲載されたゴム技術関連技術探訪（全13回）で取り上げ紹介しています．

この後，防振ゴムの製造では加硫工程へ進み，射出成形機で金型へ充てんされます．タイヤの場合はトレッド，カーカス，ビードと工程別に分かれます．そのほか，何層も薄く重ねて押し出されてホースになったり，千差万別ともいえる次工程へ分かれて行きます．

9.2 ゴムの加工工程　　85

ラインストップや不良品の山を見ないためにも，ここで練りゴムの品質チェックを抜かりなく行うことが重要です．

5)　成形加工

　製品により近い形に整える工程です．すでに述べたようにゴム製品は金具や繊維と複合されたものがほとんどです．ゴムと複合する材料にも前もって処理が行われます．

　例えば，金具と一体化されて鯛焼きを焼くように型加硫される防振ゴムの場合，使用される金具は，金具切削加工時に付着した油等を洗浄除去，接着する表面の面積を増やすべくショットブラスト処理，接着の信頼性を高めるために化成皮膜処理，などを経て接着剤を塗布，そして乾燥が行われています．

　ホースは連続的にゴムを押し出しながらその上に補強のために繊維やワイヤーを巻きつけます．一方向に巻きつけるスパイラル方式および編み上げていくブレード方式などがありますが，使われる糸は何本かが撚り合わされ表面処理が行われています．ワイヤーにはめっき処理がされています．

　ベルトの補強材に使われる帆布やスチールコードも同じく，ゴムとの接着を良くするための前処理が行われています．

　第1章の最後にタイヤができるまでをイラストでまとめて紹介しました．何度も繰り返しますが，タイヤの製造工程は最も複雑といえます．なかでも成形加工工程は多くの部分からなっています．

　そこで，一般的なタイヤの成形加工工程を次に説明します．トレッド，カーカス，ビードといった部分で使用されるゴムはもちろん配合が異なっています．当然練りは別々に行われます．しかし練り工程は同じなので，用途別の練りゴ

図9.6　トレッド押出し

ムができたところから始めます．補助材料もそれぞれ前処理されたものです．

a．トレッド成形

トレッド部分はゴムコンパウンド単体です．しかし近年タイヤへの要求が高度化しており1種類のゴムだけではない場合が多くなってきています．トレッドは連続的に板状に押し出されながら1本分ずつ切断されます（図9.6）．タイヤの種類によっては2種類のゴムが一緒に押し出された2層構造になっています．最近では4層構造品も作られています．ゴムコンパウンドを押し出す先端部をヘッドといいます．複数のゴムを重ねる場合，このヘッドの部分で積層されます．

練り生地は温度が下がると硬くなってしまいます．何層にも重ねてしかも薄く寸法精度よく加工するためには，粘度と流れ性が重要になります．冷たくなった練り生地をスクリューが回っている押出機にかけると摩擦熱でゴムの温度が上がり，粘度が下がります．現場では「ゴムに熱を入れる」といいます．必要な粘度と流れ特性を一定に保つためにスクリューのまわり（シリンダーといいます）の温度を制御する場合もあります．3層構造の場合，3台の押出機から送られるゴムがそれぞれ寸法を制御されて，一つのヘッドで積層され1枚のトレッドゴムとなります．

b．カーカス成形

カーカス用コードに接着性の高いゴムをすり込むように張り合わせ，さらに

図9.7　カレンダーロール機外観

カーカス用のゴムと張り合わせます．これはカレンダーロールという，ロールが何本も組み合わされた装置で一度に連続して行われます（**図9.7**）．実際に工場に設置されている設備の高さは7mを超えています．

インナーライナー用ゴムはカーカスの内側へ張り合わされます．

最終的にはカーカスもタイヤ1本分ずつにカットされ，未加硫タイヤ成形へと進んでいきます．

c．ビード加工

ビードはピアノ線と同じ強靭な鋼材が使われます．連続したビードワイヤをビード用ゴムで包み込みながら押出成形し，巻きとって1本分ずつ切断します．

図9.8　タイヤの成形

図9.9　成形されたタイヤ

（上・左から）
モトクロス用，モーターサイクル用，
RV専用，乗用車用
（下・左から）
乗用車用スペアタイヤ，
カート用，バギー車用

図9.10　加硫されたタイヤ

d. 未加硫タイヤ成形

ドラムが横になったような成形機を使い，タイヤを作って行きます．行進している鼓笛隊の太鼓のイメージです（**図9.8**）．太鼓のまわりにまずカーカスを巻きつけ，両側にあらかじめ準備していたビードをセットします．ここでいったんカーカスとビードを圧着して一体化します．その上にベルトコード，さらにトレッドを張り付けます．もう一度圧力で一体化すると成形タイヤのでき上がりです．

成形されたタイヤとそれを加硫したタイヤを並べて**図9.9，9.10**に示します．それぞれのタイヤが置かれている位置は同じです．ものによって形が大きく変化していることがわかります．特にバイアスタイヤの場合は変化が大きくなります．

ゴムの加工技術は経験に負うところ多大なのですが特にこの成形加工には経験の積み重ねで知恵が盛り込まれ，改良が重ねられてきています．加工メーカ各社のノウハウの宝庫ともいえる部分です．

6) 加硫

ゴムが本来の力を発揮できるようにするには，加硫反応により3次元ネットワークを形成させることが必要です．加硫はそれまで丹精込めて作り上げてきたものに，最後に温度と圧力という道具を使って命を吹き込む作業といえます．

圧力を加えるのは，練り生地中に溶け込んでいる空気が高温になり膨張して，最終的に気泡として残ることを防ぐためです．常圧で加硫したい場合は加工工程で真空状態のところを通過させてゴムの中に溶け込んでいる空気を除去する工夫がなされています．現場では真空引きするといいます．

どれくらいのエネルギーを与えると一番適しているのかは，材料や製品によって異なります．長期間の耐久性をもたせるには，架橋密度を若干低めにしたほうがよいといわれています．高いばね定数が求められるものは架橋密度を高くする場合もあります．この点については第8章でも述べています．

免震ゴムや防舷材といった大形製品の加硫では熱伝導といった悩みが大きくなります．ゴムの熱伝導率は金属材料と比べると桁違いに低いですから，金型から伝わってくる熱と，加硫反応で発生する熱と，考えなければならない因子が複雑にからみ合い技術者を悩ませます．

9.2 ゴムの加工工程　　89

図9.11　タイヤの加硫

　タイヤの場合は，トレッド，カーカス，ビードという配合の異なる練り生地
を一体化して，これを一度に加硫するわけですから，それぞれの配合では加硫
系材料に工夫がされています．

　さらに，タイヤには加硫する金型にも工夫があります．外側は金属の割りモ
ールドが使われます．タイヤは湾曲した円形ですから，まわりからしっかりと
均一に押えるための工夫です（図9.11）．内側はゴムです．外側をしっかりと
閉じたあと，内側で耐熱性の高いブラダーといわれるゴム製の袋が風船のよう
にふくらみ中型となります．これでタイヤ全体に均一な圧力が加わります．ト
レッドパターンはこのときにつけられます．

　加硫が終わったタイヤは保温されながらゆっくりと温度を下げていきます．
ゴムとポリエステルやワイヤーは熱膨張率がかなり異なります．一気に冷やし
てしまうとタイヤにひずみが出てしまうことがあります．ゆっくり内圧をかけ

(a) ユニフォミティ検査　　　(b) ダイナミックバランス検査
図9.12　タイヤの検査

ながら冷やすことで，均一性を保つことができます．

7)　仕上げ・検査

　さて，やっと仕上げ工程です．型加硫されたゴムには金型の合わせ面などの隙間に流れ込んでそのまま架橋したゴム（ばりといいます）が残りますがきれいに取り除いて仕上げます．自動車に使われるホースは必要寸法に切断し，内面を洗浄した後に，両端に口金といわれる部品をとりつけます．

　検査項目は製品ごとに異なります．タイヤの場合安全性が重要ですから，回転するときのユニフォーミティは特に厳重に検査されます（図9.12）．その他の特性も1本1本，厳重に確認検査を受けた後，出荷されます．

　防振ゴムはばね特性が重要です．振動を吸収する性能もしっかり検査されます．

9.3　おわりに

　本章では，加工工程の全体を理解いただけるよう心がけました．部分的には代表的な製品としてタイヤを例にあげて紹介しました．説明の足りないところは多いのですが，練りについて次章で説明を加えます．

　近年，信頼性の高いゴム製品をできるだけ安くほしいという要求が強まっています．混練り→評価→成形→加硫→検査・出荷という全工程が連続していると効率のよい生産が可能となります．しかし少量多品種の製品に臨機応変に対応するのは難しくなります．連続した設計にするか，バッチ処理にするか，製品の種類と生産量に応じた最適な設計がなされます．

　最後に，皆さんの愛車がはいているタイヤを一度じっくりご覧になって下さい．縁の下の力持ちですがゴム屋の知恵と工夫が結晶となった製品です．

　なお，本稿に掲載した写真は，下記企業より提供いただきました．ここに謝意を表します．

　　図9.1，9.2，9.6，9.8，9.9，9.10，9.11；住友ゴム工業㈱

　　図9.3；㈱神戸製鋼所

　　図9.4；㈱モリヤマ

　　図9.5，9.7；日本ロール製造㈱

　　図9.12；横浜ゴム㈱

参考文献

1)　編集委員会：日本ゴム協会誌, **70,** 32（1997）
2)　編集委員会：日本ゴム協会誌, **70,** 133（1997）
3)　編集委員会：日本ゴム協会誌, **70,** 387（1997）

第10章　加工技術―混練り―

10.1　はじめに

　ゴムは，異なる種類のゴムをブレンドしたり，充てん剤（フィラー）や可塑剤および架橋剤などを混合してゴムコンパウンド（配合ゴム）とすることにより，要求される機能や加工性そしてコストを満たしています．

　原料ゴムを可塑化して他の配合剤を混ぜ合わせ均一に分散させる工程を混練りといいます．加工機はバッチ式と連続式に大別され，バッチ式混練機にはオープンロール（2本ロールミルともいう）やインターナルミキサー（密閉式混練機ともいう）などがあり，連続式混練機には混練押出機や連続混練機があります．しかし，ゴムには粘着性があり，固形ブロック（ベール）状で供給されるものが大半であることや，多品種少量生産への対応からゴムの混練りの殆んどはバッチ式で行われています．

　インターナルミキサーは混練時間や材料混合順序などの混練条体設定の自由度が高いという特長があります．そのためいろいろな要求に対応することが可能で，現在最も広く利用されています．本稿では主にこのインターナルミキサーを用いた混練りについて，混練機械の歴史，混練メカニズム，混練装置による練りの特徴，混練方法と制御，混練度評価，の順に説明します．

10.2　混練機械の歴史

　現在のインターナルミキサーにはバレル（胴体部分）とエンドプレート（側板）からなるミキシングチャンバー（混練室）内に，平行に配置された2本1対の羽根（翼）のついたローターがあります．

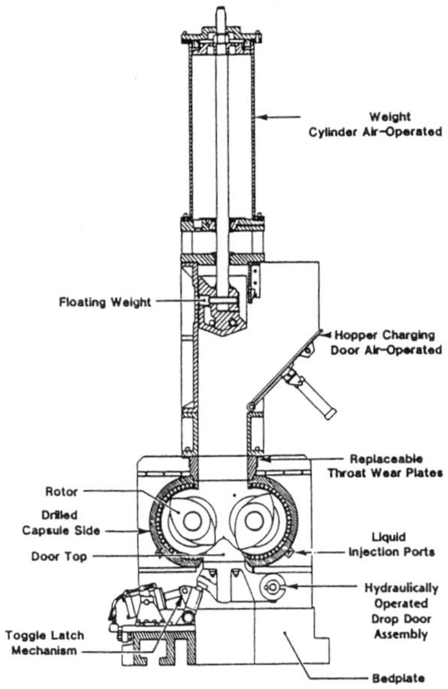

10.2 混練機械の歴史　　93

図 10.1　インターナルミキサーの構造

　代表的なインターナルミキサーであるバンバリータイプミキサーの構造を**図 10.1**に示します．生ゴムや配合剤は上部のホッパードアを開けて投入されます．材料はフローティングウエイト（ラム）圧力によりチャンバー内部へ押し込まれます．2本のローターは互いに逆方向に回転し材料を練り合わせます．混練が終了した配合ゴムは，チャンバー下部の排出ドア（ドロップドア）より排出されます．通常この下に2本ロール機が置かれており，配合ゴムをシート状にします．

10.2.1　ミキサーの起源

　インターナルミキサーの起源[1]は19世紀はじめ，T. Hancock が考案したシングルローターマスチケーターであるといわれています．当時，布の表面にゴムを塗った防水布を使用したマッキントッシュ・コートが人気で，ハンコック商会が売り出した婦人用のゴム入りガータや胴締めにも天然ゴムが使われました．産業革命の起こったイギリスでのことです．**図 10.2**に1837年に出された特許に記載されたマスチケーターの構造を示します．天然ゴムの素練りに用い

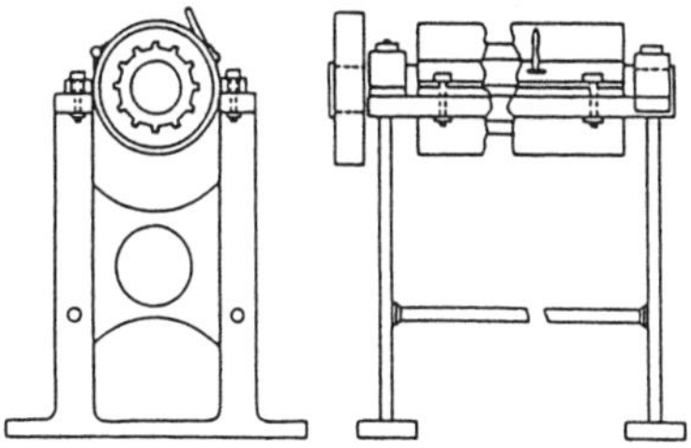

94   第 10 章   加工技術―混練り―

図 **10.2**   T. Hancock のマスチケーター
(1837)

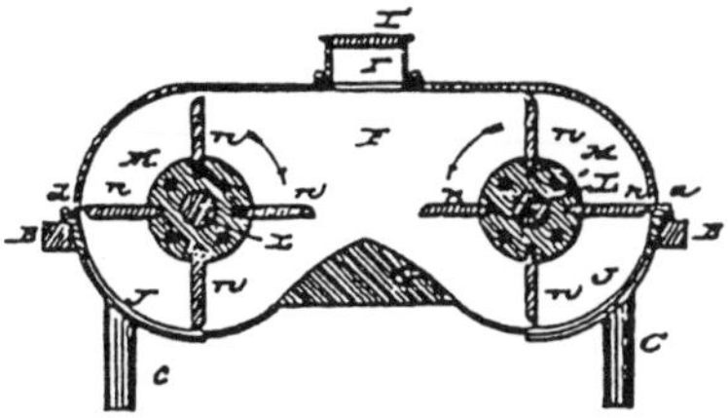

図 **10.3**   N. Goodwin の Quartz Mill（1865）

られたとのことです．Hancock は菜葉の切断機からヒントを得たそうです[2]．

10.2.2　ローターが 2 本に

2 本のローターをもったものは 19 世紀後半のインターナルミキサーに原形があります．**図 10.3** に示す N. Goodwin の "Quartz Mill"（1865）や**図 10.4** に示す，J. L. Barden と S. Crudden の "Rotary Churn"（1875）です．ただし，これらのローターは現在のものと異なり，軸方向に一定形状で，材料の練り，切り返しを効かせる構造にはなっていません．

10.2.3　今に生きるミキサーの出現

19 世紀末，イギリスの J. B. Dunlop が空気入りタイヤを作製し，1908 年に

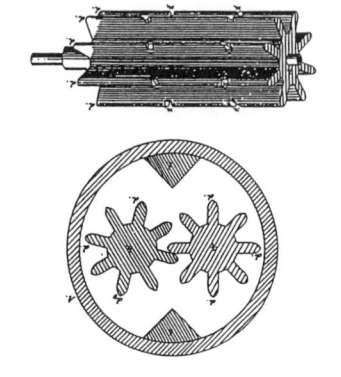

図 **10.4**   J. L. Barden, S. Crudden の
Rotary Churn（1875）

アメリカの H. Ford が T 型フォードを上市するなどゴム工業で最も大きな市場であるタイヤ工業の黎明期がやってきます．空気入りタイヤは改良が重ねられ，大量の粉体を練り込む必要が出て，インターナルミキサーの改良も促進されました．

1916 年，代表的な混練機バンバリーミキサーがアメリカ人 F. H. Banbury によって特許出願されました．これは接線式といわれるタイプで，ローターとバレルの間でゴムにせん断力をかけて練る構造です．ローターには翼状突起がつけられており，練りを効かせる工夫がされています．

1934 年，イギリス人 R. Cook は噛合式のインターナルミキサー（インターミックス）の特許を取得しました．このタイプは 2 本のローター間でゴムにせん断力を加えるとされています．

いずれも改良を重ねられて今日に生き続けているミキサーです．

10.3　混練りのメカニズム

インターナルミキサーに投入されたゴムはローターの回転とラム圧により，混練室に引き込まれ，ローター間，ローターとバレルの間で引き伸ばされ，引きちぎられ，細片化（subdivision）されます．

切断あるいは伸長により新しくできた面は一般に粘着性を帯びている[3]ので，細片表面には充てん剤が付着し，または別の細片と付着しながら，細片の生成と接触一体化を繰り返し，充てん剤は徐々にゴム内部に取り込まれて（incorporation）いきます．

ミキサーの消費電力値は混練初期，硬い固形ゴムに伸長，せん断を加える際に第 1 のピークをもちます．高ストラクチャーカーボンブラックを SBR に混入する場合等では，いったん低下した電力値が再び増加し，第 2 ピークが観測されることがあります．

これは，さきほどの細片が充てん剤に覆われる過程で，細片が互いにくっつきあうことなく破砕と被覆の繰り返しにより，多数の小粒子ができ，その表面を覆う充てん剤が，あたかも潤滑剤のような働きをする結果，ローターにかかるトルクはいったん低下し，その後充てん剤間にゴムが浸入し，細片がくっつき一体化する過程で，充てん剤がゴム内部に取り込まれ，トルクが上昇するた

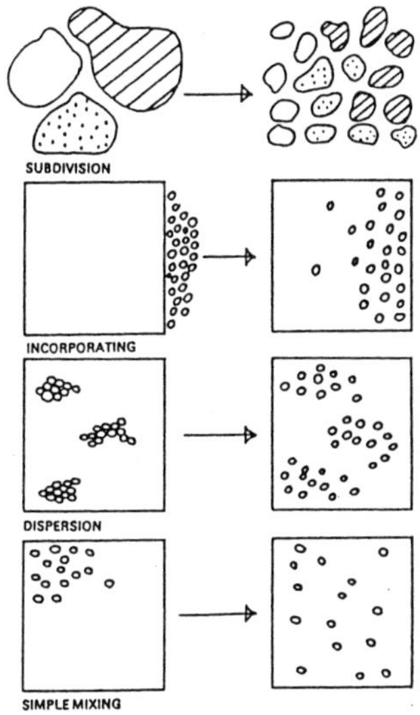

図 10.5　混練りステップの模式図

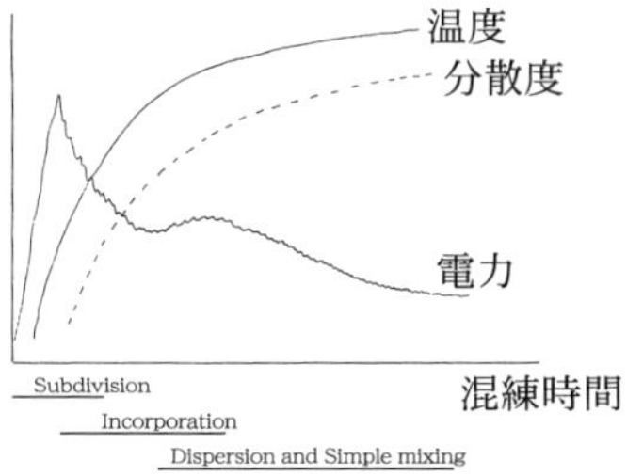

図 10.6　混練機の電力と混練物温度の模式図
（電力・時間チャート）

め[4]と考えられています.

　第 1 ピークから最低点にいたる部分はゴムと充てん剤の接触界面ができる
（wetting）期間と考えられることから，充てん剤投入から最低点までの時間を
ぬれ時間（wetting time），第 2 ピークは充てん剤がゴム内部に取り込まれ，バ
ッチが一体化した結果現れるので，充てん剤投入から第 2 ピークまでを BIT
（Black Incorporation Time）とよんでいます．ゴムに練りこまれた充てん剤
や，異種ポリマーは練りの進展とともに，さらに細かく分散混合（dispersion,
又は dispersive mixing）し，引き続きまたは並行して分配混合（simple mix-
ing, 又は distributive mixing）によるバッチ内の均一化が進み混練りが終了し
ます．図 10.5[5]にこの章で説明しました混練り過程を，図 10.6 にミキサーの
消費電力を模式的に示しました．

　なお天然ゴムでは混練加工性を改善するため，ポリマーの粘度を下げる素練
り工程（mastication）がとられる場合があります．素練りには 100 ℃以下の低
温素練りと 130 ℃以上の高温素練りがあり，低温素練りは機械的せん断力によ
る分子鎖切断を進めるもので，高温素練りは分子鎖の化学的切断を行うもので
す．

10.4 カーボンブラックの分散機構

　ゴム中にカーボンブラックを分散させるためには，カーボンブラックのアグロメレート（agglomerate, 2次凝集体）に加わるせん断力が，アグロメレートを構成しているアグリゲート（aggregate, 1次凝集体）の凝集力を上回る必要があります．インターナルミキサーのローターによるせん断力は，ローターの周速をローター表面とバレル内面間距離で除したせん断速度に，混練物の粘度を乗じて求められます．ゴムを吸蔵したカーボンブラックのアグロメレートはローター先端とバレル間（チップクリアランス）を通過する際に最大のせん断力を受け破壊され，より細かな粒子に分散します．アグロメレートの破壊と分子切断により，粘度は低下し，電力時間チャートでの電力値も低下していきます．

　凝集力はアグリゲート間の接触面積に比例し，せん断力は凝集体の寸法に比例するので，粒径が大きい，表面積の小さなカーボンブラックほど凝集力は小さく，高ストラクチャーブラックほど，粘性流体中で受けるせん断力が大きく

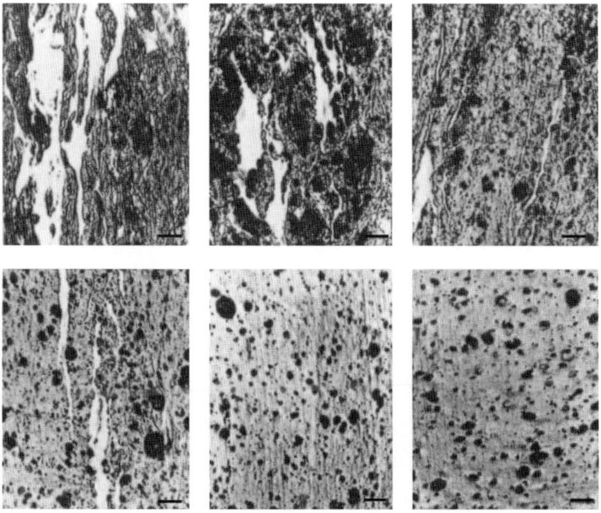

図 10.7　EPDM 配合混練り過程の反射法光学顕微鏡写真
上段　左から練り時間30秒，45秒，1分
下段　左から1分15秒，1分30秒，1分45秒，scale bar＝100 μm

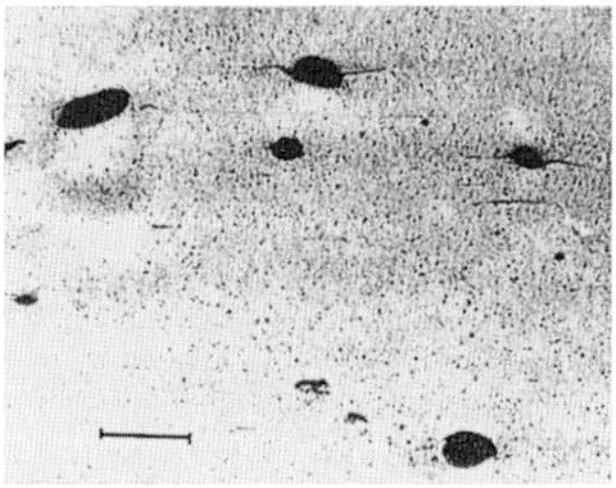

98　　第10章　加工技術―混練り―

図 10.8　カーボンブラック凝集塊の透過法
光学顕微鏡写真
scale bar＝40 μm

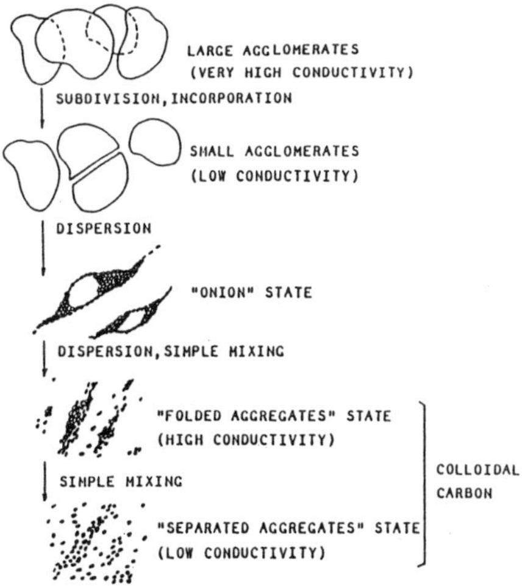

図 10.9　玉ねぎモデルでの混練りステップ
の模式図

なるので，分散は容易になります．

　図 10.7 は EPDM へのカーボンブラックの分散過程を反射法光学顕微鏡で
細かく観察したもの[6]です．帯状のカーボンブラック層と純ゴム層が，混練り
が進むにつれ消失し，代わってカーボンブラックのアグロメレートの塊が顕著
になり，その後アグロメレートの塊が徐々に減ってゆく様子が観察されます．
粒径 50 μm 以上の凝集塊は，混練りが進行してもさほど急激に減少しないこ
とや，凝集塊からはく離したしっぽ状のカーボンブラック（図 10.8）等から，
アグリゲートはアグロメレートの表面から，玉ねぎの皮をはぐようにはく離し
ていくとする分散機構（玉ねぎモデル）が提案されています．図 10.9 に玉ねぎ
モデルによる混練ステップの模式図[6]を示します．

　カーボンブラックの分散機構については，このほか内部破壊説[7]，中心破壊
説[8]等がありますが，それぞれの説明は省略します．

10.5　混練装置による練りの特徴

　インターナルミキサーでの練りは，2本ロールミルでの練りと比較すると，
練り時間が短く高生産性である，作業員のスキルに依存することが少なく，練

10.5 混練装置による練りの特徴 99

表10.1 接線式と噛合式インターナルミキサーの相違点

観察事項	接線式	噛合式
平均充てん率	75%	63%
ラム下降速度	早い	遅い
ラムシート時間	サイクルの30〜50%	90〜100%
動力ピーク	混練サイクルの初期	後期
混練順序	分散／混合	混合／分散
混練室内の材料の動き	中央方向	チャンバーの端方向
サーモカップルの適性位置	ドアトップ	エンドフレーム
油の混入	遅い	早い
主な用途	タイヤ	一版ゴム製品
排出時の形	塊状	シート状
典型的なローター速度(60L)	20〜70rpm	15〜50rpm

りの再現性が高い，粉入れ工程での汚れや，飛散が少ない，密閉式ゆえに酸化劣化を受けにくい等の長所がありますが，一方で混練物の温度上昇が早く，加硫系の添加混練りでは，2本ロールミルが使われる場合もまだまだあるようです。また混練り状況が見えない，充てん率（混練室実容量に対する仕込み材料容量の比率）に適正範囲がある等の違いを理解して混練り方法，条件等を設定する必要があります。ちなみに充てん率が過大では，ラム下の空間に停滞域ができ，未混練の材料が残る等バッチ内にばらつきを生じ，過小では材料にせん断仕事が加わらず，練り効果が上がりません。

インターナルミキサーは種類によりその練りに特徴があり，各種改善が行われていますので，以下にその概略を紹介します。

10.2.3項で述べましたようにインターナルミキサーは接線式と噛合式の2種に大別されます。接線式ミキサーはローター間が広く，ラムによる押し込み効果が発揮されやすいことから，充てん率を高くとれる，ゴムの噛み込みが早いなどの特徴があります。噛合式ミキサーは冷却表面積が大きいので，ゴムの温度上昇が緩やかであるなどの特徴があります。表10.1[9]にこれらの特徴をまとめています。

ローターの形状，寸法は混練性能に大きな影響を与えるため，接線式ローターでは，翼数，翼の配列，翼長，断面形状等の異なる各種形状のローターが考案されてきました。せん断力はチップクリアランスで最大となるので，一般に翼数の多いローターは混練物の温度上昇が早く，生産性は優れているが，バッ

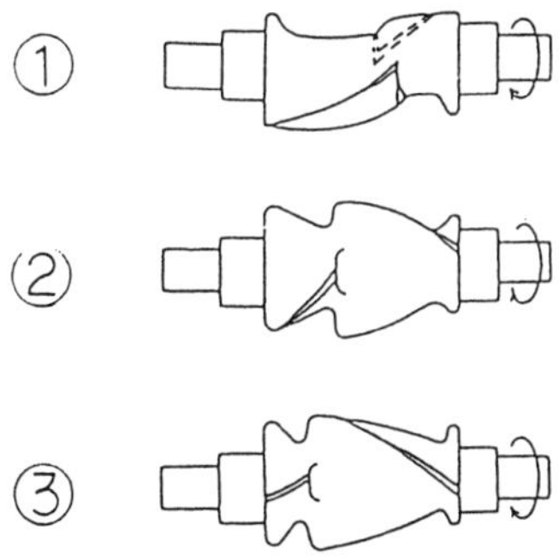

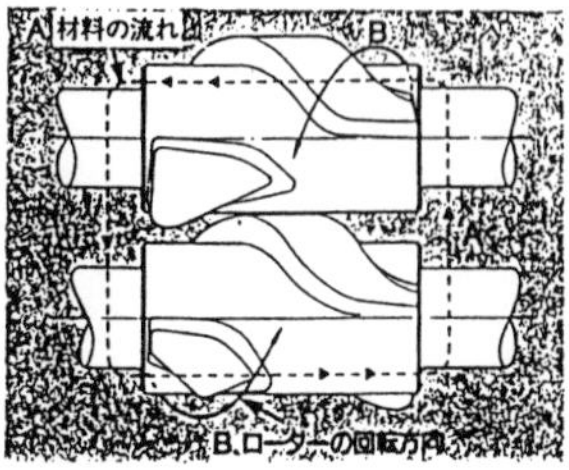

図 10.11 噛合式ローター形状の例

図 10.10 接線式ローター形状の例
①2翼ローター，②4翼ローター，
③旋回流タイプ4翼ローター

チ内の均一性に劣るといわれています．バッチ内の均一性を，翼長比の最適化等で改善した4翼ローター[10]（図 10.10 の③）や，チップクリアランスを変化させた6翼ローター[11]が開発されています．

　接線式ではローター形状のほか，通常速度差をつけられている2本のローターを特定の位相で同速回転とすることによる，混練性能改善等が検討されています．またローターの回転速度は生産性とともに混練品質に影響を与えるので，可変速モーターの利用が多くなっています．

　噛合式ミキサーのローター形状例を図 10.11[12]に示します．噛合式ミキサーでは混練中にローター間隙を変えられるもの[13]や，接線式の長所を取り入れた複合ローター[14]が開発されています．

10.6　混練方法と制御

10.6.1　混練方法[15-16]

　混練方法を配合剤の投入順で分類すると，最初にゴムを投入し，素練り，可塑化を行った後に，ゴム薬品を入れ，さらに充てん剤，可塑剤を加えていく方法を「通常仕込み法（ゴム先入れ法）」とよんでいます．

　これに対し充てん剤，ゴム薬品を先に仕込み，そこへ可塑剤，最後にゴムを投入し混練する方法を「アップサイドダウン法」とよびます．この方法はフィ

10.6 混練方法と制御　　101

ラーによるスリップが抑制され，細片どうしの接触一体化が早いため，EPDM
等自着力の小さなゴムや，充てん剤量が多い配合で，充てん剤のゴムへの混入
時間短縮に効果があるといわれています．

　軟質配合でのカーボンブラックの分散性で苦労することがありますが，「オ
イル後入れ法」により改善できる場合があります．これはオイル等の可塑剤，
軟化剤を除くすべての配合剤を一時に仕込むことにより，可塑剤によるゴムの
粘度低下を避け，充てん剤の凝集力を上回る高いせん断力で充てん剤を分散さ
せた後，オイル等の可塑剤を添加し混練するものです．後添加のタイミングが
早過ぎると，分散改善効果が小さく，遅すぎるとオイル添加後，長時間のスリ
ップを引き起こすことがあり，可塑剤量が多いときや，後添加までに混練物温
度が高くなりすぎるときは，一部を先入れとする「オイル分割仕込み法」が採
用されます．

　可塑剤量の多い軟質配合では，いったん充てん剤の分散不良状態をつくって
しまうと，再練り等で分散度を改善することが困難なことがあり，粉入れ工程
の混練方法，練り条件設定には注意が必要です．

　異種ゴムを混練ブレンドする場合，すべてのゴムを一時に投入混練すると，
ポリマーの分散不良や配合剤の分配等による不具合が生じる場合があります．
この際一部のゴムを残し，後入れする「ゴム分割仕込み法」により改善される
場合があります．この方法は例えば粘度，極性の異なるゴム，樹脂とゴムの混
練で利用されています．

　混練法を配合ゴムに加工する混練の回数で分類することもできます．1回の
混練ですべての配合剤を添加し配合ゴムに混練する「一段（シングルパス）混
練」で充分な分散が得られない場合や，混練温度が高く，続けて加硫剤を入れ
るとスコーチしてしまうときは，混練を2回に分ける「2段（2パス）混練」を
採用します．2段混練ではバッチ間のばらつきを減らすため，しばしば異なる
バッチのベースストックどうしを，加硫剤添加工程となる2度目の練り（ファ
イナル練り，プロ練り）でブレンド使用する方法（バッチブレンド）がとられ
ます．

102   第10章　加工技術―混練り―

10.6.2　混練り制御

　各種配合剤の投入と練り完了のタイミング（混練りの終点）制御には，かつ
ては時間と温度が主に用いられていましたが，現在では電力量，温度，時間を
単独あるいは組み合わせて用いることが一般的です．数バッチの電力時間チャ
ートの観測からも，バッチごとの電力，温度上昇曲線のばらつきが容易に見い
だせます．特に初回バッチはミキサー内面温度が低いことから，時間基準で混
練すると低分散，温度基準では低粘度となることがあります．

　これに対しバッチの再現性を向上できる制御方法として，混練エネルギーを
基準として制御する考え方（unit work concept）が提案され，電力量を基準に
制御することが一般化しました．ゴム単位重量あたりの混練エネルギー（unit
work）を基準にすれば，スケールアップ時にも同等な混練物品質を得られると
考えられますが，スケールアップに伴い，ミキサーの冷却効果は減少するので，
混練物の温度上昇が大きくなることを考慮する必要があります．

　混練物の温度は流動挙動，フィラーの分散，架橋反応等に影響するため，遅
れのない正確な温度計測が必ずしも容易でないという問題はありますが，温度
は混練制御に使用されています．

　その他バッチ粘度と相関のある，温度補正したモータートルク値を制御メジ
ャーに使用する方法[17]，油圧ラムを使用し，混練り初期段階で特に大きなばら
つきのあるラムの位置を所定のラム位置・時間曲線に合致するように制御する
方法[18]，ローター回転数を調整し，所定の温度，時間曲線に近づけるよう制御
する方法[19]等による混練物品質のばらつき低減策が提案されています．

　混練り制御の課題は可塑度や分散を直接，リアルタイムに検知する信頼性の
高いセンサーの開発にあるといわれています．

10.7　混練度評価

　混練物の品質は，ゴム中にいかに充てん剤等の配合剤や異種ゴムを細かく分
散混合し，混練物組成を均一にできたか，次工程での良好な加工性と，製品時
の機能性をいかに作り込めたかによって評価されます．

　製品ごとに異なる機能性評価を別にすると，混練度は (1) 配合剤特に充てん

剤の分散（2）流動性，成形加工性（3）加硫特性（4）それぞれのばらつき（バッチ内，バッチ間，ロット間）を評価し，管理項目とすることが多いようです。

　カーボンブラックの分散度は ASTM D2663 の B 法のように，光学顕微鏡により直接未分散のアグロメレードをカウントする方法のほかに，混練物の電気伝導度による評価方法，切断面の表面粗度を評価する方法（ASTM D2663 の C 法）等があります。

　カーボンブラックの分散度はゴムの諸物性に影響し，タイヤトレッド配合では分散度の上昇に伴い引張強さ，伸び，摩耗抵抗率，反発弾性率が上昇すると報告されています[20]。

　未加硫ゴムの流動性，加工性の指標としては，ムーニー粘度やキャピラリーレオメーターによる溶融粘度が使用されています。ムーニー粘度は試料内で分布をもつ，低いせん断速度領域での粘度ですが，測定が容易であることから，現在でも評価，管理に使われています。キャピラリーレオメーターは押出等加工時のせん断速度領域での溶融粘度測定が可能なことから，工程管理用途へも利用されるようになってきました。

　加硫特性の評価は振動式加硫試験機（キュアメーター）の M_H, tc (10), tc (90) 等の特性値で整理され，加硫剤等のバッチ内分散混合の評価にも使用されています。

　粘度，加硫特性試験については「ゴム関連技術探訪」[21] に詳しい記述があり

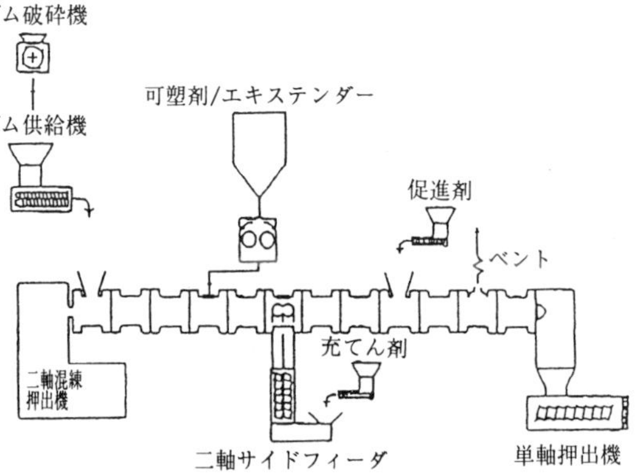

図 10.12　二軸混練押出機による連続混練の例

ます．また日本ゴム協会誌Ｑ＆Ａコーナー【Ｑ—14】（72巻 p. 731）でも混練り評価について説明されていますので，参考にして下さい．

10.8 おわりに

　インターナルミキサーを用いたゴムの混練りについて，混練メカニズム，混練方法と制御，混練度評価などについて概要をご紹介しました．プラスチックの混練りは一部の材料を除いて連続プロセスが採用されていますが，ゴムの混練りは今日でもほとんどバッチ式混練機が利用されています．ゴムの混練りにおいても連続混練が可能になると，工程の省力化，省エネルギーが進められます．ゴムの連続混練はこれまでも繰り返し試みられていますが，原料ゴムの粉末化，粒状化が困難なこともあり，実用化されたものは少ない状況です．**図10.12**にゴムを粉砕し，二軸押出機で混練する連続混練の一例[22]を示します．最近気相重合法により，粒状EPDMの製造が始まっていますが，原料ゴムの形態が変化すれば，連続混練プロセスが普及する可能性はあると考えられます．

参考文献

1) White, J. L.: *Rubber Chem. Technol.*, **65**, 527 (1992)

2) 金子秀男：「応用ゴム加工技術12講（上巻）」（大成社，1976）p. 26

3) 中島伸之：日本ゴム協会誌，**67**，16 (1994)

4) 占部誠亮：ポリマーダイジェスト，**41**，96 (1989)

5) Palmgren, H.: *Rubber Chem. Technol.*, **48**, 473 (1975)

6) 志賀周二郎，古田元信：日本ゴム協会誌，**55**，493 (1982)

7) Dizon, E. S.: *Rubber Chem. Technol.*, **49**, 12 (1976)

8) Manas-Zloczower, I., Nir, A., Tadmor, Z.: *Rubber Chem. Technol.*, **55**, 1250 (1982)

9) Wood, P. R.: "Rubber Mixing" Rapra Review Report No. 90 (1996)

10) 井上公雄：「高分子複合材料の成形加工」（船津和守監修）（信山社サイテック，1992）p. 193

11) 井上公雄：日本ゴム協会誌，**71**，535 (1998)

12) 清水信：ポリファイル，**30** (8)，52 (1993)

13) Passoni, G. C.: (to Pomini Farrel S. p. A.), U. S. 4, 775, 240 (Oct. 4, 1988)

14) 清家彌十郎, 花田修一：ポリファイル, **30** (8), 44 (1993)

15) Grossman, R. F.: The Mixing of Rubber (Chapman & Hall, 1997) p. 30

16) Indian Rubber Institute : Rubber Engineering (TATA McGraw-Hill, 1998) p. 624

17) Freakley, P. K., Matthewes, B. R.: *Rubber Chem. Technol.*, **60**, 618 (1987)

18) Pohl, J. W.: 152nd Meeting ACS Rubber div., No. 100, Oct 21-24 (1997)

19) Jourdain, E. P.: *Rubber World*, **211** (5), 29 (1995)

20) Hess, W. M., Wiedenkafer, J.: *Rubber World*, **186** (6), 15 (1982)

21) 日本ゴム協会：日本ゴム協会誌, **70,** 60 (1997); *ibid*. **70**, 133 (1997); *ibid*. **70**, 386 (1997)

22) Tyler, R. C., Tredinnick, D. W., Burbank, F. R.: 148th Meeting, ACS Rubber div., No. 61, Oct 17-20 (1995)

第11章　加工技術—加硫—

11.1　はじめに

　1839 年，アメリカの Charles Goodyear が発見した加硫法はゴム技術史上の画期的な大発見といえます．加硫法が発見される前にもゴムは使用されていました．天然ゴムは生ゴムのままでも弾性があって伸び縮みし，撥水性のあるめずらしい材料だったからです．1820 年代に Macintosh とよばれたレインコート[1] が売り出されました．これは綿布の表面に天然ゴムをテレピン油に溶かしてコーティングしたものでした．考案し販売したのは Charles Macintosh です．彼は高価なテレピン油にかわる安価な溶媒としてコールタールナフサを発見し[2]，ゴム引きレインコートの利用は広がりましたが，夏場はべとつき冬場はごわごわになったと伝えられています．それでも人気を博したのは雨に濡れずにすむという利点があったことに加えて，時代の最先端を行くファッションだったからでしょう．加硫の実用化によってゴムの用途は劇的に変化しました．ゴムは工業用材料としてなくてはならない存在となったのです．

11.2 加硫の発見と工業化の歴史　　107

　本章では加硫の発見と工業化の歴史をざっと振り返り，加硫の実際をいくつかの事例で紹介します．また後半に工業用ゴム製品の信頼性に大きな影響を及ぼす加硫接着について述べることにします．

11.2 加硫の発見と工業化の歴史

11.2.1 C. Goodyear の幸運

　Goodyear が加硫法を発見できたのは努力が幸運につながったからであると推察できます．斎藤[3]および山田[4]によると，Goodyear の発見に先がけて Friedrich W. Ludersdorf や Nathaniel Hayward らが硫黄粉末を散布し日光にさらすとゴムの粘着性が防止できることを発表していました．

　中川[1]によると Goodyear がゴムに興味をもって欠点を改善しようと研究を始めたのは彼が 30 代初めであった 1832 年とされています．硫黄粉末の効果が発表されたのはその翌年です．彼は生ゴムの欠点を改善する添加剤があるはずだ，と暗中模索を繰り返したとのこと．1839 年 1 月寒い冬のある日，Goodyear 夫婦は喧嘩のあげく，氏の不在中に夫人が彼の研究試料をストーブに投焼した．後でストーブの前にあった焼け残りを見た Goodyear は，硫黄を混ぜた生ゴムが加熱によって弾性をもつようになることを知った[2]，とあります．

11.2.2 工業化の父 Thomas Hancock

　加硫法の特許をとったのは Hancock が先でした．1843 年のことです．全天候型のゴムを作り出そうと，研究を重ねていた Hancock は Goodyear の作った加硫ゴムを 1842 年に見て，改質は加熱によるゴムと硫黄の結合であることを明らかにし，その操作を製造技術として確立したのです．

　生ゴムが架橋ゴムに変化し 3 次元ネットワークを形成するためには，硫黄に代表される架橋剤を混合し更に熱を加えて架橋反応が進む温度に一定時間保つことが必要です．工業用ゴム製品製造には加硫設備の設計技術も重要でした．Hancock は工業化に優れた才能を発揮したといわれています[1]．

　なお，加硫という言葉は硫黄を加えて架橋することに由来します．現在では硫黄以外に多くの架橋剤が開発されており，架橋という言葉が一般的に使用さ

れています．しかし加硫という言葉も広く慣用的に使われています．本章では，明らかに架橋という言葉を使うべき場合以外は，基本的に加硫という表現を使用します．

11.2.3 加硫促進剤の発見

加硫反応は天然ゴムと硫黄のみでも進行しますが，非常にゆっくりなので完了までに長時間を必要としていました．ステアリン酸や亜鉛華（酸化亜鉛）を加えると少し早くなり品質も安定することがわかり，改良が加えられていきました．

画期的な発見は加硫促進剤の使用です．それまで何時間も必要であった反応が分の単位で完了するようになったのです．発見者は George Oenslager，1906年のことです．最初の発見はアニリンで，その後ぞくぞくと新しい促進剤が発見されていきます[5]．

天然ゴムを硫黄で加硫する技術は，柔らかくて大きく伸び縮みする糸ゴムから硬いエボナイトまで，応用範囲が広がりました．促進剤の利用で加硫時間は短縮され生産効率も上がりました．また，合成ゴムの開発も進み天然ゴムよりも耐熱性や耐候性，耐薬品性に優れたポリマーが多く生み出されてきています．高分子化学の発展により多数の樹脂や繊維が発見され我々の日常に広く使われるようになってきました[6]．

11.2.4 加硫技術の最前線

ゴムのゴムたる所以は加硫にある，といっても過言ではありません．ゴム製品に求められる要求はどんどん高度化しています．

自動車用防振ゴムに要求される耐久性能は，100 °Cの温度雰囲気における特性維持時間でみてみると，1980 年代は240〜480 時間でしたが，90 年代後半には1000 時間と倍増しています．この厳しい要求への答えは加硫にあります．架橋点の数と化学構造を最適化することで高い要求を満足する製品へと改良が進められています．

精密ゴム部品の場合，要求される硬さや機能に応じて，架橋サイトと架橋構造について，分子レベルの設計がなされています．秒単位で架橋が完了する液

状ゴムも登場しています．

　また，異種ポリマーが混ざり合った材料で，1種類のみを架橋する，またはそれぞれが異なった架橋をするなどの工夫で，単一材料では発現しない複雑な特性を発揮する材料（TPEや動的架橋材料など）の応用が広まっています．

11.3　加硫によるゴムの変化

　第2章[7]で紹介したゴム独特の特徴；伸び縮みする，柔らかく弾性に富む，という性質は加硫ゴムになって初めて発現します．未加硫ゴムは粘土のように塑性変形はしますが，そのままではとてもタイヤや防振ゴムとして使用はできません．加硫はゴムに命を吹き込んで一人前の働き手とする工程といえます．加える熱エネルギーが不足すると力の弱いゴム製品になり，また過大な熱エネルギーを加えると硬すぎたり壊れやすい製品になったりします．ですから配合と製品の用途に応じた最適な条件で加硫することが肝要になります．第8章[8]でゴムの架橋と薬剤について詳しく述べています．再読下さい．

11.4　加硫技術

11.4.1　加硫反応に必要なものは何？

　加硫はポリマーと加硫剤，加硫助剤，加硫促進剤の化学反応によって進行します．基本的には反応に必要な材料が含まれているコンパウンドに適正な温度と時間を加えればよいことになります．

11.4.2　加硫方法

　加硫物の特性は加熱方法によって変化します．またゴムが加硫中にじかに接しているものが何か（金属，蒸気，温水，熱空気，その他）によっても変わります．熱容量や伝熱挙動が異なるからです．そのため加硫は製品が異なれば加硫方法も異なるといえるくらい千差万別の方法で行われています．

　加硫作業全体について金子[9]が詳細に書いています．一読をお勧めします．ここでは代表的な方法の概略をご紹介するにとどめます．

(1) 金型加硫

型ものに使われます．形を整え寸法精度を確保するため製品の周りを金型で拘束します．金型のなかへ未加硫のゴムを充てんする成形方法によって大きく次の3種類が用いられています．

a. プレス成形

金型のキャビティ内に未加硫ゴムシートやブロックを直接入れ，成形と加硫を同時に行う方法．

b. トランスファー成形

上部にピストンをもつ注入室を設けた金型によって成形し加硫する方法．未加硫ゴムを注入室に入れ，プレスでピストンを押すとゴムはスプルーを通ってキャビティに充てんされます．

c. 射出成形（インジェクションモールディング）

押出機に類似した機構でゴムを可塑化し，加硫温度に設定された金型へ高速充てんし，短時間にゴムを成形し加硫する方法．

(2) 加硫缶を用いた加硫

大きな釜のような缶のなかに成形した未加硫ゴムを入れ蓋をした後，なかに高温・高圧蒸気を入れて加硫する方法です．二重構造になっていて蒸気が直接ゴムに触れないように工夫されている加硫缶もあります．

ホースの場合，チューブの内側にマンドレルとよばれる心材をいれ，カバーの外側を硬い樹脂や鉛で覆った長尺の成形物を缶に入れて加硫します．加硫後心材と外側の覆いをとって，必要な長さに切り，後加工を行ってホースが完成します．

(3) 連続加硫

自動車用ウエザーストリップや長いベルトなどを連続的に加硫する方法です．オーブンのなかを連続的に通すなど圧力のかからない方法，また金属ロールと拘束板の間を通すなど圧力を加える方法があります．

11.4.3 加硫するのに圧力を加えるのはなぜ？

圧力を加えるのは未加硫ゴムを金型内の隅々まで充てんさせるためとゴム中に存在している空気を追い出すためです．

ゴム製品では内部にボイドなどの欠陥があると大きな問題になります．使用中に応力集中が起こり短期間に破損するなど不具合の原因になるからです．未加硫ゴムのなかには混練り工程で混入したミクロンサイズの気泡が含まれています．そのまま熱を加えると未加硫ゴムの粘度は低下し，空気は熱膨張するために大きなボイドとなります．その状態で加硫物になってしまうとゴム製品としては欠陥を多く含むことになります．ですからほとんどの製品で加硫中に圧力を加えます．空気の逃げ道もちゃんと工夫されています．

熱空気中で連続加硫を行う場合は，加硫温度にする前に真空引きを行うなどして未加硫ゴム中の空気をとり除きます．

11.4.4　ゴム製品の大小

(1)　世界最大のラジアルタイヤ

ゴム製品の大きさで横綱級は防舷材と鉱山用トラックタイヤが挙げられます．**図11.1**に世界最大のラジアルタイヤを示します．鉱山用トラックに使用されています．一般的な空気入りタイヤの加硫については第9章[10]で紹介しています．乗用車用タイヤの平均的な加硫条件は170℃で10～15分ほどですが，大形になりゴムの肉厚が増すほど，それより低い温度で長時間をかけています．乗用車用タイヤとほぼ同じ外形のソリッドタイヤ（**図11.2**）の条件は150℃以下で数時間です．防舷材の場合，数十時間の加硫時間をかけているものも多くあります．

図11.1　世界最大のラジアルタイヤと乗用車用
ラジアルタイヤ

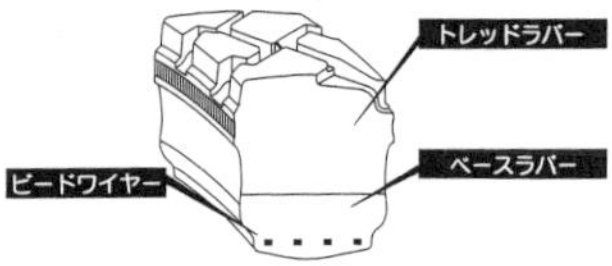

図11.2　ソリッドタイヤ

112   第11章　加工技術─加硫─

図11.3　車載光ディスク内部

図11.4　液体封入防振ゴム；外観と断面

図11.5　プリンター（インクジェット方式）
内部；部分拡大

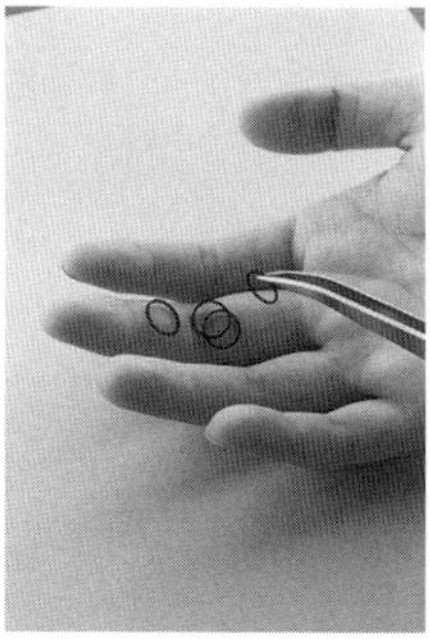

図11.6　精密部品用タイミングベルト

⑵　小さなゴム製品

　図11.3に車に搭載される光ディスクの内部を示します．このなかに図11.4に示すような小型の液体封入防振ゴムが使われています．小さなもので外径約1cmという製品ですが，なかには液体が封入されており，広い周波数領域での振動を吸収します．でこぼこ道を走行しても音楽がとぎれることなく流れるのに役立っています．加硫は射出成形によって180℃で数分という短時間で行われています．図11.5はインクジェット方式プリンターの内部です．ゴム製のタイミングベルトが動力の伝達を受けもっています．タイミングベルトはチェーンや歯車のように正確な同期伝動ができるように駆動用の歯をつけたベルトです．精密部品では図11.6に示すような幅750 μm，外周9 mmといった小さなタイミングベルトも活躍しています．

11.5　加硫接着

　接着とは二つの面と面を接合し一体化することをいいます．化学結合を伴う

11.5 加硫接着　　113

場合がほとんどです．加硫接着とは加硫と同時に接着を行うことです．

　空気入りタイヤの場合，トレッドゴム，スチールベルト，カーカスゴム，カーカスコード，サイドウォール，インナーライナ，ビードなど多くの面を同時に加硫接着します．材質もゴム，合成繊維，金属と多様です．防振ゴムの場合はゴムと金具（鉄，またはアルミニウム）が殆んどですが，最近は樹脂も使われています．ホースではカバーゴムとチューブゴムを加硫接着します．高い耐圧性能が要求されるものは補強層として合成繊維やワイヤーが使用されます．

　異なる材質を接着し，しかも高い接着性能が要求されるときには多くの場合，接着剤が使用されます．その他，接着面に凹凸をつけることで表面積（反応面積）を増やすと同時にアンカー効果を付与させることもできます．材質によっては特殊な表面処理がなされます．

　接着は多種多様といえますが，いずれにも共通するのは，接着するものどうしの特性の差や材質の違いを接着面でできるだけ連続的にしようとしていることです．例えば弾性率の大きな差を緩和させるとか，材質的に両者の成分が混ざり合った界面を作る，といった具合です．以下に材質の異なる場合に分けて，説明します．

(1) ゴムとゴムの加硫接着

　ゴムとゴムとの界面ではそれぞれの配合材が拡散しやすいので，比較的良好な接着性能を得ることが容易であるといえます．図 11.7 に A 層と B 層の界面モデルを示します．界面層 C で特性が連続的に変化し応力の集中が起こりにくくなっています．ゴムの種類によっては接着し難いものもあります．その場合両方のゴムに接着する材料を間に塗ります．界面は全体に均一に接着することが求められる場合がほとんどです．未加硫ゴム表面に有機溶剤を塗布すると接着を阻害する気泡や水分の影響を除去することができまた，ゴム表面のぬれ性もよくなることがあります．

(2) ゴムと金属の加硫接着

　代表的な例としてタイヤのスチールコードベルトとゴムの接着，自動車用防振ゴムの金具とゴムの接着について説明します．

a. タイヤ

　スチールコードの表面は黄銅がめっきされています．加硫接着後スチールと

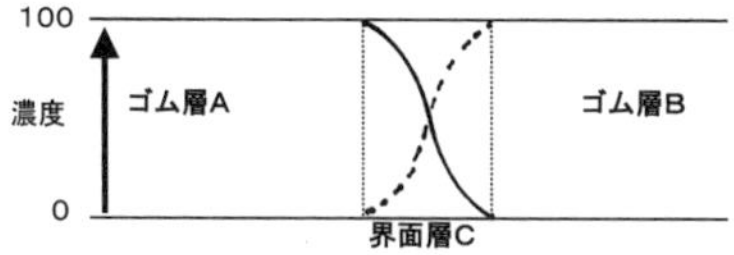

114　　第11章　加工技術―加硫―

図11.7　ゴム‐ゴム接着界面モデル

　ゴムの界面付近について各元素の分布を XPS（X-ray photoelectron spectroscopy）を用いて分析した結果を**図11.8**[11] に示します．XPS では物質の極表面に存在している元素の濃度を精度よく分析できます．表面から時間をかけてイオンスパッタリングすることを併用して分析すると深さ方向の情報が得られます．図の横軸に示す時間は界面からの深さに相当します．縦軸のピーク強度は濃度に相当します．**図11.8** では，スチールコードの黄銅めっき表面からゴム中へ銅や亜鉛が拡散しています．また，逆にゴムからスチール側へ硫黄が拡散しています．このことから界面近傍では相互拡散層が形成されていると考えられます．

　またゴム側界面近傍には，硫化銅や硫化亜鉛がゴムに分散した弾性率の高い層が形成され，ゴムと金属との弾性率の大きな差を埋めていると考えられています．このときの界面モデルを**図11.9**[12] に示します．

b．自動車用防振ゴム

　金具には，近年アルミニウムが使用されるようになってきましたが，日本での使用量はまだ鉄が主流です．

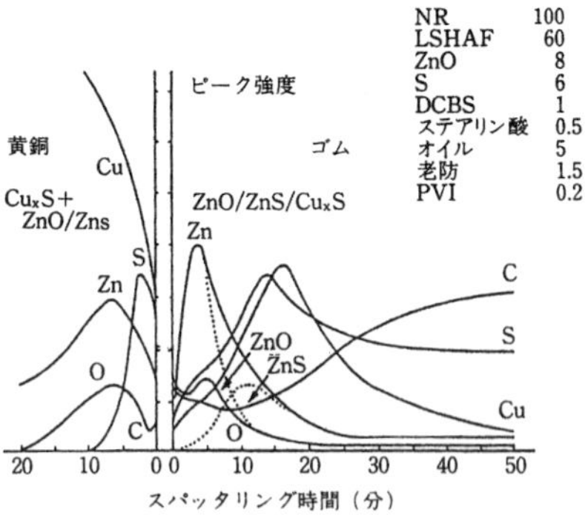

図11.8　黄銅‐ゴム界面元素分布（XPS）

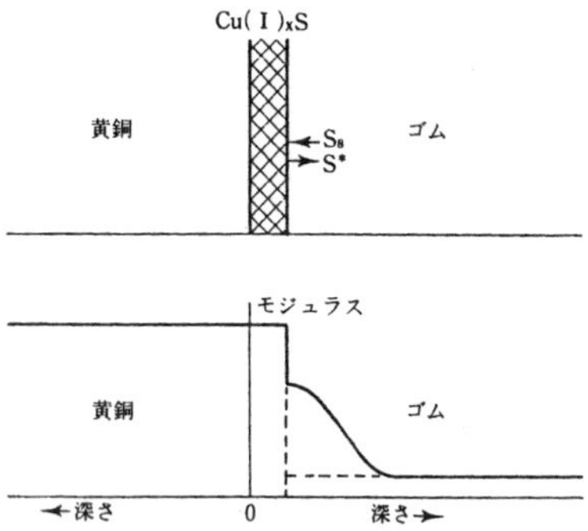

図11.9　黄銅‐ゴム界面弾性率モデル

鉄製の金具表面に接着剤を塗布します．使用される接着剤はほとんどが2液タイプです．プライマーとよばれる下塗り接着剤をまず金具に塗布します．その後セメントとよばれる上塗り接着剤を塗布します．プライマー塗布はタイヤコードのめっきと同様金具の表面処理であって，厳密には接着剤とはいわないという解釈が一般的ですが，慣用的には接着剤と表現する場合が多くあります．

加硫時に接着剤とゴムそれぞれの界面で拡散が起こり化学結合が生成します．金具とプライマー間の接着は水素結合と先に述べたアンカー効果による機械的結合です．防振ゴム用接着剤では，プライマーは熱硬化性樹脂が主流であり，セメントはエラストマーが主流です．プライマーとセメントで金属とゴムの弾性率の大きな差を埋めていると考えられます．また，界面での配合剤の拡散により，組成的にも連続となっています．

(3) ゴムと非金属の加硫接着

ゴム製品の補強材としてはナイロン，ポリエステル (PET)，およびアラミドなどの繊維が使われます．これらの合成繊維は化学構造が異なるため，ゴムとの接着性も異なります．特に PET やアラミドは反応性に乏しいため接着性能を確保するために表面処理が行われます．最も一般的なものは RFL (resorcin-formaldehyde-latex) 処理です．代表的条件[13] は，レゾルシンを水酸化ナトリウム水溶液に溶解し，ホルムアルデヒドを加えて室温で5〜6時間反応させた液を，ラテックスに添加して 12 時間程度熟成させて処理液とします．これに合成繊維を浸せきしたのち乾燥させ，場合によって熱処理を行い，繊維と RFL を部分的に反応させます．最終的にはゴムとの加硫接着時に処理層を介して繊維とゴムが化学反応するとされています．

合成繊維は金属と比較すると弾性もあり，熱膨張率も大きくなります．RFL処理層はラテックスを含むことで柔らかさが付与され，繊維の変形に追従可能となります．

RFL 処理液は被着体の種類に応じて，R/F 比，およびラテックスの種類や混合比を最適化することができます．種々の組み合わせに対応可能で，極めて反応範囲の広い方法です．

加硫接着では加硫時に架橋反応および接着に寄与する化学反応の両者を同調させることが必要です．反応性を高めるためにイソシアナート化合物を混合す

116 　第11章　加工技術—加硫—

表11.1　ナイロンとPETの接着性

織　物	接着処方	はく離接着	
		接着強さ [Kgf/cm]	ゴム付き [%]
ナイロン	——	1.8	0
ナイロン	RFL	14.3〜17.9	100
PRT	——	1.8	0
PET	イソシアネート	0.5	0
PRT	イソシアネート/RFL	14.5	100

る場合もあります（**表11.1**)[14]．着色を避けたい場合や界面の弾性率を低くしたい場合にはエポキシやウレタン樹脂が使われる場合もあります．

　以上，接着は製品ごと，加工方法ごと，といっても過言ではないほど各種各様で実施されています．ノウハウに支えられているゴムの加工技術のなかでも特にノウハウの多い工程といえます．文献や書籍は多くありませんが，日本ゴム協会誌で特集号を出しています[15-17]．金子[18]も詳細に書いています．

11.6　おわりに

　加硫方法および接着処方は製品によって大きく異なります．本章では代表的なものについて概論のみ紹介しました．これを機会に，ぜひ参考文献をひも解いて下さい．

　なお，掲載しました写真は次の各社に提供いただきました．ここにお礼申し上げます．

　図11.1㈱ブリヂストン

　図11.2愛知タイヤ工業㈱

　図11.3，11.4東海ゴム工業㈱

　図11.5，11.6三ツ星ベルト㈱

　次章はゴムの試験方法について解説します．

参考文献

1)　中川鶴太郎：化学全書第12巻「ゴム物語」日本化学会編（1984）

2)　日本ゴム工業史第一巻，日本ゴム協会編（1969）p. 16

3)　斎藤正平：現代日本工業全集第23巻「ゴム」（日本評論社発行，1935）p. 17

参考文献　　117

4)　山田準吉：「ゴム」日本化学会編　(1975) p. 60

5)　「ゴム工業便覧（第4版）」日本ゴム協会編　(1994) p. 64

6)　高分子，**47**，2 (1998)

7)　日本ゴム協会誌，**71**，58 (1998)

8)　日本ゴム協会誌，**72**，705 (1999)

9)　金子秀男：「応用ゴム加工技術12講　中巻　第2版」(大成社，1974)

10)　日本ゴム協会誌，**73**，131 (2000)

11)　石川泰弘：日本ゴム協会誌，**65**，92 (1992)

12)　芦田道夫：日本ゴム協会誌，**65**，503 (1992)

13)　日本接着学会編：「接着用語辞典」(日刊工業新聞社，1991)

14)　鹿沼忠雄：日本ゴム協会誌，**65**，105 (1992)

15)　日本ゴム協会誌，**57**　No. 8 (1984)

16)　日本ゴム協会誌，**65**　No. 2 (1992)

17)　日本ゴム協会誌，**73**　No. 4 (2000)

18)　金子秀男：「応用ゴム加工技術12講　下巻」(大成社，1972)

第12章 架橋ゴムの試験

12.1 はじめに

　ゴム材料はどのように評価されているのかよくわからない，ばらつきも随分大きいようだし……，との疑問をよく耳にします．ここまでゴム製品を中心に解説を進めてきましたが，最後に試験方法について解説します．

　ゴムの試験方法についての成書に，昭和38年，日本ゴム協会より発行され改訂を重ねているゴム試験法[1]があります．このなかでは次の6章に分けて詳細な記述がされています．①原料ゴム，②未加硫ゴム，③加硫ゴム，④接着試験法，⑤分析および鑑識法，⑥補足：ゴム製品，ゴム用配合剤．ゴム技術に携わる方はぜひ身近にそろえていただきたい一冊です．

　本書では，ゴムが他の材料と大きく異なっている性質をどのように評価しているか，という点に重点をおいて解説します．本章で架橋ゴムの試験，次章で未加硫ゴムの試験をとりあげます．

12.2 静的試験

12.2.1 引張試験（JIS K 6251）

　ゴムに限らず材料の善し悪しや特徴を判定する場合，最初に頭に浮かぶのが強さでしょう．強さを知る主な方法が引張試験と引裂試験です．

　引張試験は最も基本的な力学的試験法として，各国の規格でもまず第一に取り上げられています．試験方法は，架橋したゴムシートを打ち抜いて作製した図12.1のような形状の試料を一定速度で引っ張る方法がとられます[2]．試料の

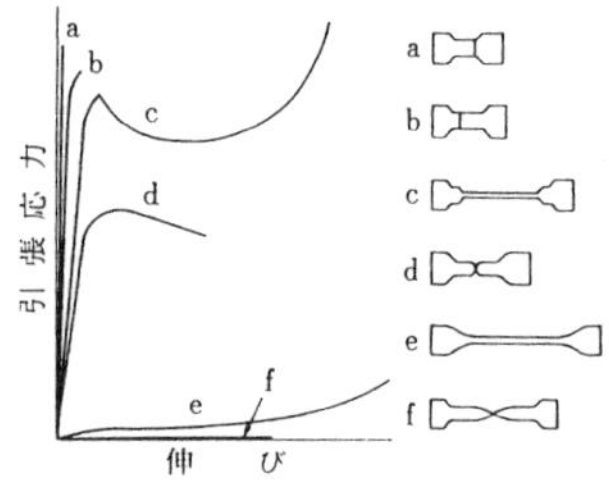

a) ガラス状態，b) 軟質ガラス状態，c) 繊維状の冷延伸，d) ガラス転移付近の状態，e) 加硫ゴム，f) 未加硫ゴム

図 12.1 無定形物質の応力-伸び曲線と破断時の試験片形状[2]

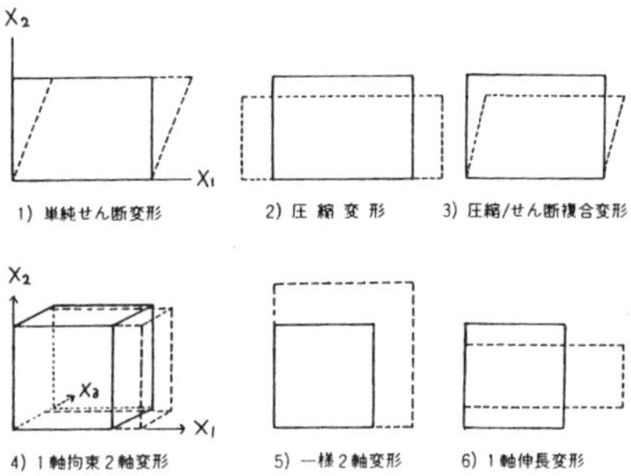

図 12.2 加硫ゴムが使用される際に受ける各種の変形様式[6]

伸びと荷重を計測し，伸びはもとの標線間距離で除した公称ひずみを％で，荷重は試料の初期断面積で除した公称応力として求めます．**図 12.1** に示したように，試料によって様々な引張応力と伸び（ひずみ）の関係が得られますが，破断するときの応力が引張強さで，その伸びを切断時伸びといいます．ゴムは粘弾性体ですから，引張速度によって引張特性は異なり，引張速度が速いと引張強さが大きくなります．JIS K 6251 では引張速度は試験片の形状に応じて100，300，500mm/min と定められています．**図 12.1** 中の e のように，小さい引張応力で何倍にも伸びるのが加硫ゴムの特徴で，金属やプラスチックスのような他の固体材料と著しく異なります．金属やプラスチックのように硬い材料では**図 12.1** 中の c のような曲線が得られ，わずかなひずみで大きな応力が計測されますから引張速度はゴムの場合の 1 けたから 4 けたも遅い速度で引っ張るのが普通です．ただし，応力-伸びの関係はゴムのように引張速度により変化しません．測定温度（環境温度）も大きな影響を与え，環境温度が低いと引張強さは大きくなります．ゴムは環境温度に大きな影響を受けますので，JISでは 23±2 ℃と厳格に規定していますが，それでもばらつきの原因と考えられています．金属のように温度の影響が小さい材料は 10〜35 ℃と JIS の規定も緩やかになっています．

なお，加硫ゴムは硫黄で架橋した場合の呼び名ですが，硫黄以外の架橋剤もよく用いられますから，以後は広い意味で架橋ゴムとよぶことにします．

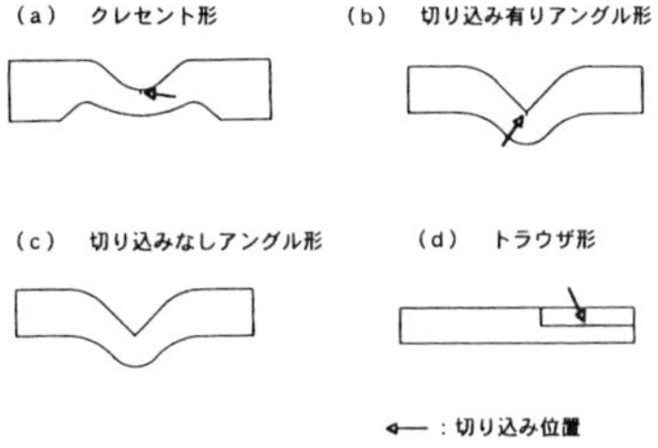

120 第 12 章 架橋ゴムの試験

（a）クレセント形　　（b）切り込み有りアングル形

（c）切り込みなしアングル形　（d）トラウザ形

←：切り込み位置

図 12.3 引裂試験試料形状[17]

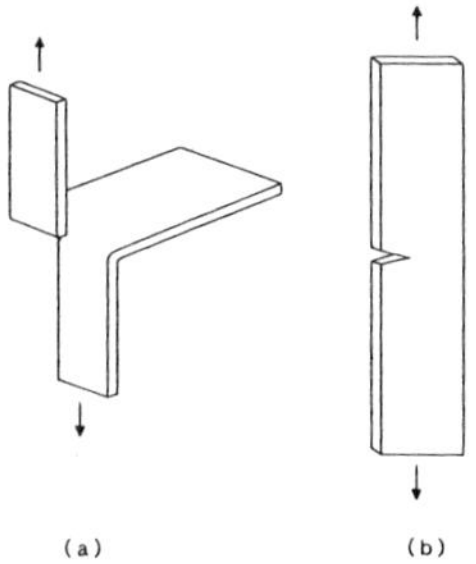

（a）　　　　　　（b）

図 12.4 引裂き方向[17]

　引張試験ではこのような強さと伸び以外にも，重要な情報を得ることができます．応力-ひずみ曲線の初期の勾配として求められる引張弾性率および試料が 2 倍に伸長されたときの応力は 100% 応力として架橋ゴムの弾性率の尺度として用います．ゴム材料の力学的性質を比較するときは，このような引張弾性率，100% 応力，300% 応力，切断時伸び，引張強さなどが指標となります．ゴム弾性や応力-ひずみ挙動に関して詳しい研究がありますので，章末に掲げた文献[2-13] を参考にして下さい．

　測定値のまとめ方は，旧 JIS では加重平均されていました．これは最も大きな値がその材料の実力を表していると考えられたからです．引張試験について過去に加瀬による膨大な実験データの報告[14-16] があります．旧 JIS のまとめ方は，加瀬の研究結果を参考にしたといわれています．しかし，現在は ISO に準拠した新 JIS が採用され，測定値は中間値が代表値とされるようになっています．

　変形様式は引張（伸長）が最も一般的ですが，この他にも**図 12.2** に示すような基本変形があります．目的によって，せん断変形，圧縮変形などの応力とひずみの関係を調べることもあります．

12.2.2　引裂試験（JIS K 6252）

　ゴムシートに切り口を入れて引っ張るとわずかな力で引裂が起こる現象を経験することがあります．実際のゴム製品では引裂が起こると使用不能になる場合が多いので重要な性質ですが，複雑な現象でもあります．応力が集中すると，その部分より引裂が起こり得るわけですが，この応力集中はゴムの形状が均一

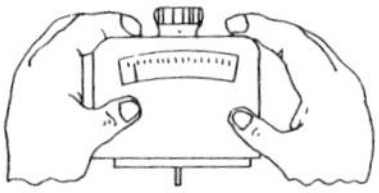

12.2 静的試験　121

図 12.5　硬さ試験機保持方法[19]

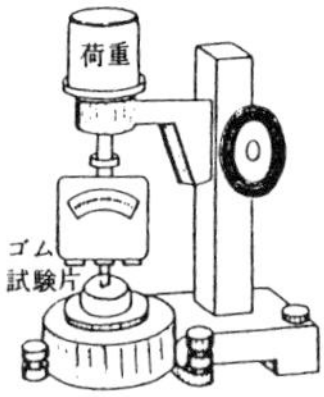

図 12.6　スプリング式硬さ試験機の補助装置[19]

でないために起こる場合や切り込みが入っている場合などに生じます．ゴムの
種類によって引裂に対する抵抗は異なり，天然ゴム配合は合成ゴム配合に比べ
て引裂抵抗が大きいため，車の足まわり部品やタイヤなど傷が付きやすい部分
で重宝されています．この現象に対する試験は図 12.3 に示すような様々な形
状のゴム試料を作製して行う必要があります[17]．図 12.4 のように短冊状試料
もよく用いられますが，このように応力集中箇所を作り両側に引っ張り，引裂
破断に至る応力，すなわち，引裂強さを求めます．先にも述べましたが，引裂
試験は現実に材料に起こる破壊現象と密接に関係していると考えられるため，
さまざまな研究が行われています．詳しくは，Inglis, Griffith, Rivlin-Thomas
の理論を参考にして下さい[18]．

12.2.3　硬さ試験 (JIS K 6253)

硬さは架橋ゴムの抽象的もしくは感覚的な柔らかさ，硬さを相対量として表

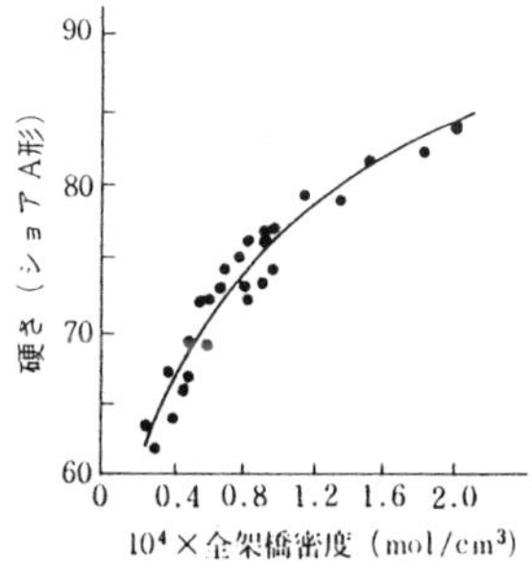

図 12.7　架橋密度と硬さの関係[20]
〔配合〕NR：100, HAF：50, ZnO：
5, S.A.：3, 加硫促進剤変量

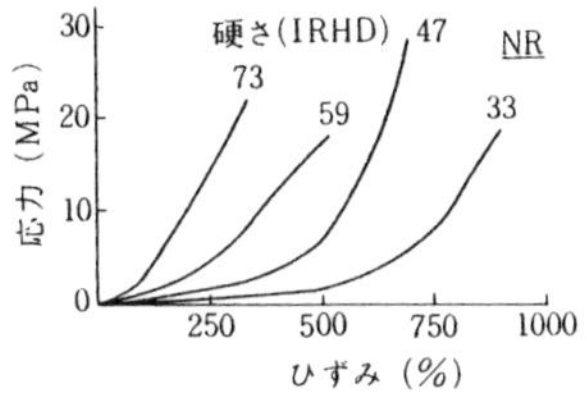

122 第 12 章 架橋ゴムの試験

図 12. 8 硬さの異なる NR 配合物の応力‐ひずみ曲線[20]

す重要な指標です．**図 12. 5** に示したスプリング式硬さ試験機のある形状をした押針先端をゴム試料に押しつけ，ゴムの変形に対応する抵抗力，すなわち弾性力を硬さ試験機の目盛りとして読み取ります．両手で試験機を垂直に保ち，押針が試料測定面に垂直になるように加圧面と試料測定面を接触させ，原則として接触直後の読みを硬さとします．加圧面を接触させてから 5 秒後など一定時間後に目盛りを読み取る場合は，**図 12. 6** のような補助装置を使用します．硬さ試験機にはいくつもの様式があり，押針の形状もさまざまです．測定するゴムの硬さによって使い分けますが，適切な使い分けは JIS や「ゴム試験法」の p. 247〜p. 265 を参考にして下さい．架橋ゴムの架橋密度と硬さは**図 12. 7** のように強い相関がありますし，**図 12. 8** に示すように硬さによって応力‐ひずみ曲線は大きく変化することがわかります．

12.2.4　引張永久ひずみ試験 (JIS K 6262)

　未架橋ゴムに一定のひずみを加え続けると，ひずみを取り除いても初めの形状は回復できません．この性質は架橋したゴムでもある程度は残ります．この現象を**図 12. 9**[21]のように弾性要素（ばね）と粘性要素（ダッシュポット）との直列で表されるマックスウェルモデルで見てみましょう．架橋ゴム（図の一番

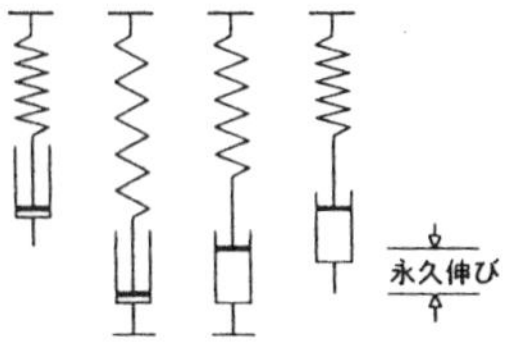

図 12. 9　マックスウェルモデルによる永久伸び[21]

左）に一定のひずみを与えた場合（左から2番目），粘性要素の変位が次第に上昇していきます．そして，ある時間後外力をゼロにすると粘性要素の変位はそのまま残り永久ひずみになるというわけです（図の一番右）．ゴム分子鎖の絡み合いが解けたり切断されたり，また，ゴム中のカーボンブラックのストラクチャーが変形・破壊したりして，荷重除去後の回復を妨げ永久ひずみの原因になると考えられます．ダンベルで打ち抜いたゴム試料を引張試験機を用いて規定のひずみ（100%が多い）まで伸長し10分保持した後，急に収縮させ10分後に計測します．24時間，72時間，168時間と長時間保持する場合もあります．温度は室温以外に高温では普通70℃を選択します．

引張永久ひずみ試験の他に圧縮永久ひずみ試験もよく用いられます．目的に応じて選択する必要があります．

その他，ゴム製品がどの程度の低温まで使用可能かを判断する指標となる低温性試験，ゴム材料に特徴的な緩和現象の指標となる，応力緩和試験，クリープ試験なども大切な試験です．

12.3 動的試験 （JIS K 6394）

動的粘弾性試験ともよばれるこの試験もゴム材料にとって必要不可欠なものの一つです．繰り返し周期的な変形を受ける用途で用いられるものにタイヤ，エンジンマウント，動力を伝達するベルトなどがあります．周期的変形を受ける材料の力学的性質はもちろん，発熱に関する重要な情報も与えてくれます．粘弾性的性質を示すゴムにとってはことに大切な試験となります．

このような動的試験は周期的に変化するひずみあるいは応力に対する応答を求めます[22-24]．いま，小さな正弦的変形（ひずみ）を架橋ゴム試料に与えると，応力とひずみの位相がずれます．これはゴムが粘弾性体だからですが，このときの位相差をδとよびます．このときの応力振幅，ひずみ振幅，そして位相差δを測定すると，応力振幅/ひずみ振幅で定義される絶対弾性係数$|E^*|$が求められ，さらに二つの弾性率$E' = |E^*| \cos\delta$と$E'' = |E^*| \sin\delta$が求められます．E'は貯蔵弾性率とよばれ，周期的な変形において貯蔵され回収されるエネルギーの尺度であり，損失弾性率とよばれるE''は熱として散逸されるエネルギーの尺度です．それらの比，E''/E'は位相差δの正接に等しいことから，

tanδ は損失正接とよばれます．損失正接 tanδ は貯蔵するエネルギーに対する損失するエネルギーの比を表していることから損失係数ともよばれます．損失係数 tanδ が小さいほどゴムは弾性成分の寄与が大きく，tanδ が大きいほど粘性成分の寄与が大きいことを示します．また複素弾性率 E^* は $E^* = E' + jE''$ で定義されます．

温度や周波数をいろいろ変化させて E'，E'' および tanδ を測定すれば，ゴムの粘弾性的性質をほぼ把握することができます．例えば，タイヤのゴム配合設計では，転がり抵抗の尺度である 60 ℃の tanδ は小さいほうが燃費がよく，湿潤路でのグリップ力の尺度となる 0 ℃の tanδ は大きいほうが制動性がよいことがわかっています．したがって，tanδ バランスとよばれる比，tanδ (0 ℃)/tanδ (60 ℃) は大きいほうがよくタイヤのトレッドゴムの配合設計で重要なファクターとなっています[25,26]．

動的試験は一般に強制振動非共振法で行われますが，これ以外にも強制振動共振法，減衰振動法，衝撃反発試験などの方法があります[27]．変形様式も引張（伸長），せん断，圧縮，ねじりなどさまざまな様式があり，目的に応じて選択する必要があり，詳細は JIS を参照して下さい．

12.4　摩耗試験（JIS K 6264）

タイヤ，伝動ベルトなど異種材と接触して動的に使用されるゴム材料は多いものです．この際摩耗が問題になります．摩耗は破壊現象の一種と考えられますが，引張試験や引裂試験と異なり，繰り返し材料表面に与えられる摩擦力による微小領域での破壊です．この現象を調べるための試験方法は多くありますが，いずれも砥石のような異種材料とゴム試料を接触させてこすり合わせ摩耗したゴム試料の減少量を計測するものです．JIS にはウイリアムス摩耗，アクロン摩耗，ランボーン摩耗，ピコ摩耗，DIN 摩耗，テーバー摩耗が規定されていますから，試験法の詳細は JIS を参照して下さい．このなかでランボーン摩耗試験はタイヤのトレッド材の試験によく用いられる方法ですが，図 12.10 に示した実走タイヤの摩耗パターンには摩耗試験で見られるアブレージョンパターンは認められません．これは，摩耗試験の過酷度が大きく，実際のタイヤ走行条件と大きく異なるからです．摩耗現象は非常に複雑なため，独自の試験機

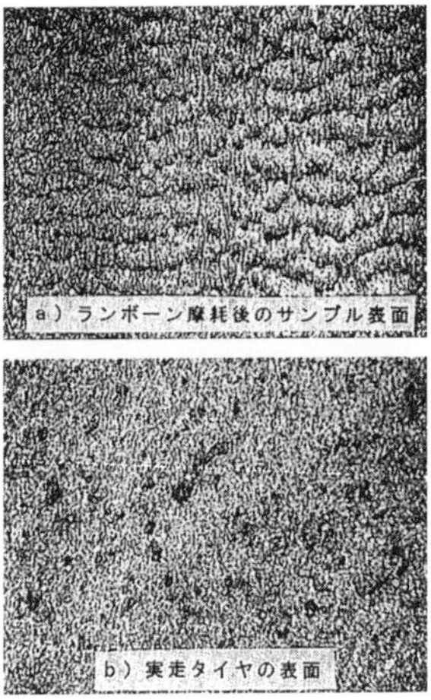

図 12.10 摩耗パターン[28]

を作り実際の摩耗現象の予測を試みる例もあります.

12.5　摩擦試験

　摩擦現象を利用する用途はゴム製品にとって少なくありません. タイヤはもちろんロールやベルト, 靴底にとっても摩擦は重要です. ゴム材料が他の物質と接触し相対運動するときに受ける力を測定するのが摩擦試験です. この摩擦力は摩耗の一因ともなります.

　図 12.11 に示すように試験片に接している荷重 W の試験体をある速度で引っ張るのに要する力 F を測定します. このとき F と W の間の関係を $F = \mu W$ としたとき, μ を摩擦係数とよび, 二つの表面間の摩擦の程度を表します. μ には静摩擦係数と動摩擦係数があり, 金属どうしの摩擦では, μ は定数となることが知られていますが, ゴム材料では荷重 W や引っ張る速度によって μ は変わります. ゴム材料が接する面はタイヤや靴底の場合道路面になりますが, 道路面の凹凸や湿潤状態など条件はさまざまです. その他, 伝動ベルトでは相手は金属のプーリ, ローラーでは紙, 色素との接触があり, 実際はなかなか複雑な現象です. JIS には規定されていませんが, これらの現象を理解する尺度となるのが摩擦係数 μ というわけです.

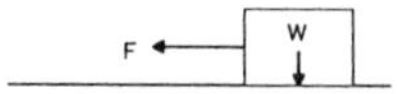

126 　　第 12 章　架橋ゴムの試験

図 12. 11　荷重と摩擦力の関係

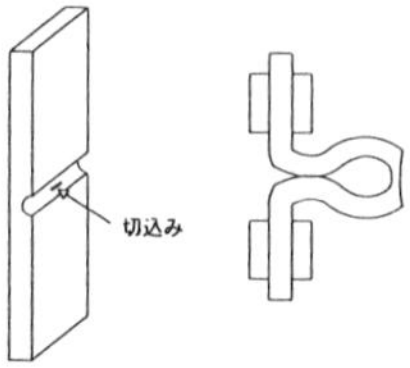

図 12. 12　屈曲き裂成長試験[29]

12.6　疲労試験

　疲労とは繰り返し刺激により材料の機械的性質が変化する現象をいいます．引張強さよりかなり小さい応力でも繰り返し加わることによって材料がついには破壊することもありますから重要な試験です．

　定伸長疲労試験は，引張試験を行う要領で一定伸長を繰り返し加えてどの程度の回数で破断するかを見ます．JIS には規定されていませんが，よく行う試験です．伸長度の選定が試験を効率よく行い，正確な情報を得る鍵となります．ばらつきもかなり大きいですから，試験数はある程度必要でしょう．

　屈曲き裂試験（JIS K 6260）は図 12.12 のように中央部にくぼみをもつ試験片に切り込みを入れておき屈曲試験をします．ある回数ごとに試験を止めてき裂の成長を調べます．き裂は徐々に大きくなり，ついには破断に至ります．定伸長疲労試験が全体としての材料の構造変化の度合いを見るのに対して，屈曲き裂試験は応力集中に対しての局所的な抵抗度合いを評価しているといえます．

　フレクソ試験（JIS K 6265）は，試料の発熱やへたりをみる目的で行われる圧縮疲労試験です．試験結果の考察は困難なところがありますが，ゴム材料と製品寿命の関係を直接予測できる場合もありますのでぜひやっておきたい試験でもあります．

12.7　耐久性試験

　ゴム材料およびゴム製品がどの程度の期間使用に耐えうるかという耐久性は

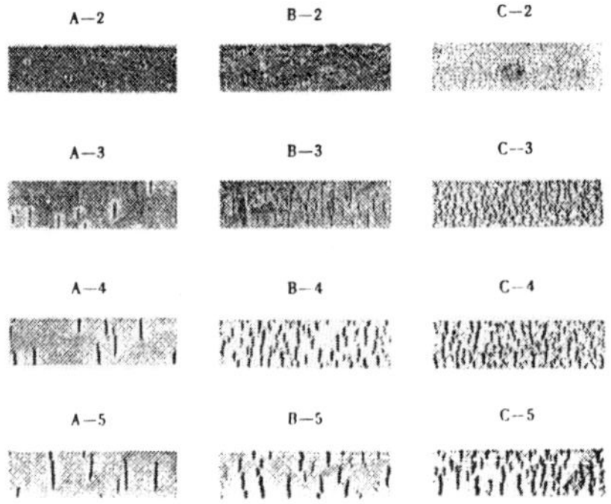

12.7 耐久性試験 127

図 12.13 オゾン劣化試験後のき裂状態[30]

大きな問題です．ゴム製品では，その使用状況にできるだけ近い環境での耐久性試験を行いますが，時間がかかることと試験数が多く取れないこともあって代用試験としてのゴム材料での耐久性評価に期待がかかります．ゴム材料の耐久性を正確に把握することは容易ではありませんが，いくつかの試験によって大まかには知ることができます．

最も一般的に行われるのが熱老化試験（JIS K 6257）です．通常，引張試験と同様のダンベル形の試料をギアー式オーブン中の回転台に掛け，充分空気に触れ温度むらができないよう所定の温度で所定の時間放置します．放置後の試料は引張試験，硬さ試験を行って，試験前の物性値と比較して変化率で評価します．動的試験の変化を追跡することも一般的に行われます．熱老化は酸素がゴム試験片内部に拡散していく現象，分子鎖の切断および架橋という複雑な現象が絡み合っています．これらの現象と熱老化による物性の変化を注意深く考察すれば，耐久性の大まかな指標を得ることができます．

オゾン劣化試験（JIS K 6259）は，静的試験と動的試験がありますが，いずれもオゾンを含んだ空気中で試料表面の劣化状態，すなわちオゾンクラックを調べるものです．図 12.13 に示すように，クラックの数と大きさを基準としてパターン化されています．大気中に含まれる微量のオゾンでもゴムにクラックを発生させることになるため，環境試験として重要です．

ゴムは使用環境でさまざまな液体に接触することがあり，各種の液体に対する浸せき試験（JIS K 6258）が重要となります．各種の液体に試験片を所定の

温度で所定の時間浸せきし，質量，体積の変化，および引張特性の変化を求めます．架橋ゴムは液体を吸収すると分子は切断することなく膨潤して体積が大きく増大します．一方，膨潤せず，可塑剤や老化防止剤などが液体中に抽出されることもあります．これらの変化に対応して各種の物性が変化するわけです．特にオイルに接触したり付着するゴム製品では，耐油性は重要なゴムの特性となります．

　これら各種の試験の結果を総合してゴム材料の耐久性の予測が可能となります．

　以上，静的試験から耐久性試験まで大切と思われる試験の概要をみてきました．ゴム製品はこの他にも製品に特有の数多くの試験を合格して初めて世に送り出されるわけです．また，ゴムの構造を知るための各種の分析が最近進歩しています．ゴムの特性はその構造に由来するのですから，この種の分析が重要なことはいうまでもありませんが，本論の主旨から外れますのでここでは省略します．専門書等を参考にして下さい[31,32]．

12.8　おわりに

　以上解説した試験法は比較的条件を一定にすることができます．したがって，繰り返しによる再現性も良好です．しかし，実際にゴム製品を製造する場合は，製品の形状や大きさによって部分的に，温度やせん断速度条件が異なる場合が多くあります．また，ゴム製品が使用される環境もまちまちです．したがって，ゴム製品を製造するについては，上記に示した各種試験において多くの条件下での検討を重ねます．得られた試験結果をもとにして，ゴム製品の品質が全体として万全であるように，配合や加工条件などに工夫が凝らされているのです．

　次章は未加硫ゴムの試験について解説します．

参考文献

1)　日本ゴム協会：「ゴム試験法」(1963)

2)　日本ゴム協会：「ゴム試験法　新版」(1980) p.226

3)　岡本　弘，稲垣慎二，古川淳二：日本ゴム協会誌，**50**，336 (1977)

4)　戸谷義弘，上田明男：日本ゴム協会誌，**50**，379 (1977)

5) 川端李雄：日本ゴム協会誌，**50，**361（1977）

6) 尾畑　寛：日本ゴム協会誌，**52，**756（1979）

7) 右田哲彦：日本ゴム協会誌，**53，**266（1980）

8) Shen, M.：日本ゴム協会誌，**55，**731（1982）

9) 古川淳二：日本ゴム協会誌，**55，**557（1982）

10) 佐藤　隆：日本ゴム協会誌，**66，**563（1993）

11) 藤本邦彦：日本ゴム協会誌，**67，**676（1994）

12) 山本　智：日本ゴム協会誌，**68，**761（1995）

13) 阿波根朝浩：日本ゴム協会誌，**69，**180（1996）

14) 加瀬滋男：日本ゴム協会誌，**28，**16（1955）

15) 加瀬滋男：日本ゴム協会誌，**27，**554（1954）

16) 加瀬滋男：日本ゴム協会誌，**33，**266（1960）

17) 日本ゴム協会：「新版　ゴム技術の基礎」（1999）p. 301

18) 秋田修一：日本ゴム協会誌，**53，**401（1980）

19) 日本ゴム協会：「ゴム試験法　新版」（1980）p. 253

20) 日本ゴム協会：「ゴム試験法　新版」（1980）p. 249

21) 日本ゴム協会：「新版　ゴム技術の基礎」（1999）p. 305

22) ゴム科学技術研究委員会：日本ゴム協会誌，**55，**784（1982）

23) 小野木重治：「レオロジー要論」（槇書店，1980）p. 72

24) 日本ゴム協会：「ゴム試験法　新版」（1980）p. 300

25) 小林直一：日本ゴム協会誌，**72，**697（1999）

26) 海藤博幸：日本ゴム協会誌，**71，**571（1998）

27) 日本ゴム協会：「ゴム試験法　新版」（1980）p. 300

28) 日本ゴム協会：「新版　ゴム技術の基礎」（1999）p. 313

29) 日本ゴム協会：「新版　ゴム技術の基礎」（1999）p. 317

30) 日本ゴム協会：「新版　ゴム技術の基礎」（1999）p. 320

31) 日本ゴム協会：「新版　ゴム技術の基礎」（1999）p. 325

32) 日本ゴム協会誌，**71，**68（1998）

第13章 未加硫ゴムの試験

13.1 はじめに

　ゴムが繊維やプラスチックのような他の高分子と大きく異なる点として，加工工程のなかに加硫というゴム独特の工程が必要であることが挙げられます．

　ゴムは適正な物性と加硫時間を得るため，ポリマーの分子量は通常 10^5 以上のものが使用されます．ポリマーは分子量が高くなるほど，流動状態になる温度は高くなります．ゴムの場合は加硫温度付近かそれ以上になることがあります．

　ゴムの加工はポリマーに流動性のある状態で，しかも弾性が残った状態で行われます．ポリマーの粘弾性領域でせん断力がかかることでカーボンブラックなど配合剤の分散がさらによくなります．一方で，せん断力が加わるとゴムの内部で摩擦が起こり発熱します．ポリマーに流動性をもたせようと高い温度で加工しているところに，さらに発熱が起こると，加工中に加硫反応が始まってしまいかねません．

　スコーチ（早期加硫）を起こさせず，できるだけ短時間で加工可能な流動性を発現するための配合設計を行ったり，またゴムの加工設備設計を行うには，未加硫ゴムが加工中にどのような挙動をするのか知っておくことが大変重要になります．このため未加硫ゴム試験にはさまざまな工夫がされており，評価項目も多くあります．本章はこれらのことをふまえて未加硫ゴム独特の特性を概説した後，その試験方法について解説します．

13.2 未加硫ゴムの特性

13.2.1 流動特性

(1) 温度依存性

　原料ゴムがゴム製品となるまでにはさまざまな加工工程を通ります．原料ゴムは温度が高くなると流れやすくなり，比較的小さな応力でいろいろな形に作ることが可能になります．図 **13.1** に原料ゴムの弾性率の温度変化を示しました．ほとんどのゴムの加工はゴム状領域か流動域で行われます．

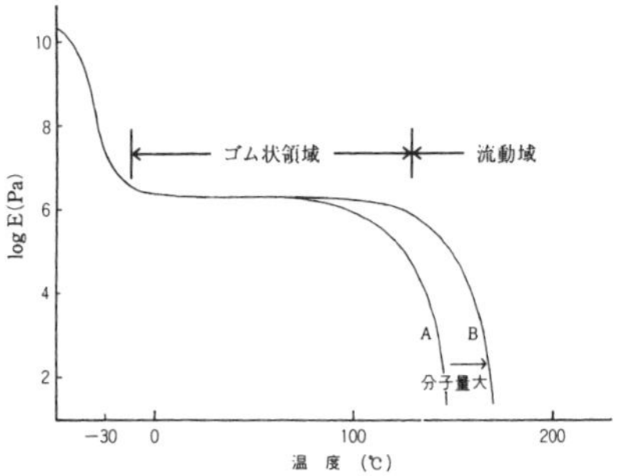

図 13.1　原料ゴムにおける弾性率の温度依存性

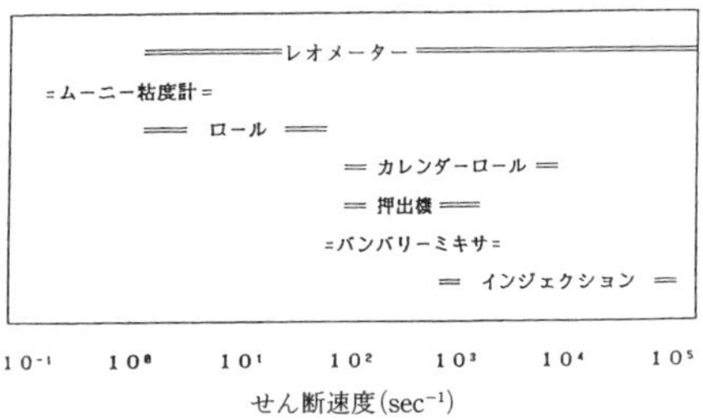

図 13.2　各種ゴム用加工機とレオメーターのせん断速度[1]

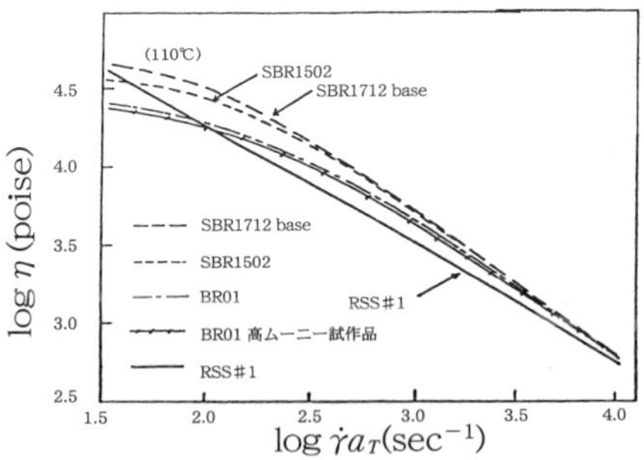

図 13.3　配合ゴムにおける定常流粘度のせん断速度依存性[1]
配合処方：ポリマー 100 部，HAF 50 部，高芳香族油 10 部，ZnO 3 部，ステアリン酸 1 部

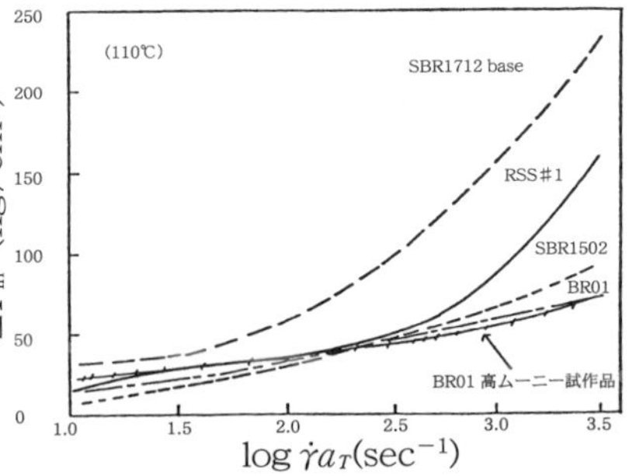

図 13.4　配合ゴムにおける ΔP_{in} のせん断速度依存性[1]

(2) せん断速度依存性

未加硫ゴムが加工機を通過するときに受けるせん断速度は，加工機の種類によってけた違いに異なります．**図 13.2** に代表的な加工機のせん断速度を示します．

せん断速度が変わると未加硫ゴムの流動性も変わります．代表的なゴムのカーボンブラック配合未加硫物の粘度とせん断速度との関係の測定例を**図 13.3** に示します．

粘度は，流動性の高低を判定するためによく使われる物性値ですが，この数値のみでは充分な判定ではありません．**図 13.3** と同じ試料について ΔP_{in} のせん断速度依存性を測定したデータを**図 13.4** に示します．ΔP_{in} はレオメータ（後述）のダイの入り口での圧力損失で，この数値が大きいと加工時のエネルギーのロスになります．また，このロスによる発熱でゴム配合物の温度が上昇し，加工中に加硫反応がスタートしてしまう危険（いわゆるスコーチ）があります．

図 13.3 および **13.4** の右半分のせん断速度の高い領域で両データを見比べて下さい．試料間の粘度差は少なく流動性はほぼ同じに見えますが，ΔP_{in} で見ると大差を示す試料のあることがよくわかります．ΔP_{in} の大きなゴム配合物を高いせん断速度で加工するときは，あらかじめ加硫特性をチェックしてスコーチの危険の有無を判定しておく必要があります．

ゴムにおける流動特性のせん断速度依存性はゴムの粘弾性と密接に結びついていますので，粘度を測定するときは加工するときの変形速度に近い速度で測定することが重要になります．

(3) 時間依存性

図 13.5 に原料ゴムにおける代表的な弾性率の時間変化例を示します．変形

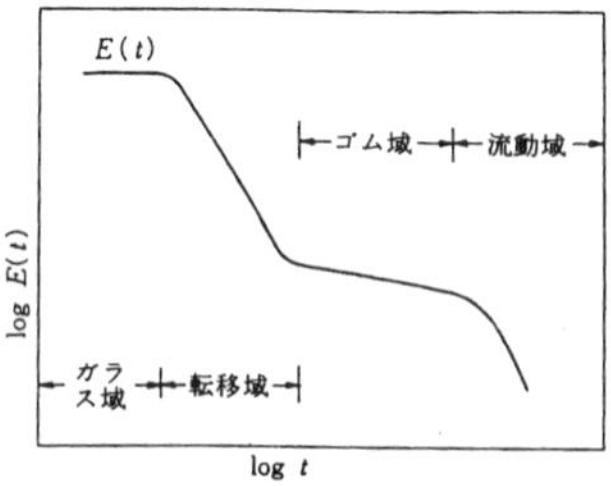

図 13.5 未加硫ゴムにおける粘弾性挙動の模式図

後の経過時間が短いとき，あるいは変形速度が速いとき（高周波数）にはガラス状の高弾性率を示し，変形後の経過時間が長いときあるいは変形速度が遅くなる（低周波数）と粘性体となって流動することを示しています．また転移域と流動域の間にゴム状弾性を示す領域がありますが，ゴムの加工機ではこの領域を加工条件にもつものが多いのです．つまり，先に述べたようにゴムはまだ弾性が残った状態で加工せざるを得ず，ゴムが通常の熱可塑性樹脂とは異なる加工性を示す理由はこの点にあります．

13.2.2 形状変化

高い温度で成形された未加硫ゴムを応力のかからない状態に置くと，時間とともに少しずつ変形してしまいます．典型的な例が押出し時のダイスウェルと収縮です（図 13.6）．前者は，ゴムがダイから吐出された直後に膨れ上がりゴムの断面がダイよりも大きくなる現象です．後者は，高温で押出された未加硫ゴムが放冷によって温度が低下するに従い，押出し方向の長さが短くなる現象です．成形中，すなわちダイ通過中にゴムは変形を受け，ゴム分子鎖は押出し方向に強制的に引き伸ばされます．ダイから吐出されるとゴムはこの強制力から解放されます．加工機のなかで押出し方向に無理に引き伸ばされて整列させられていたゴムの分子鎖は，いっせいに自由な形に戻ろうとします．その結果，押し出しと直角方向の断面は膨れ（ダイスウェル），押出し方向の長さは縮みます．この形状変化速度は，吐出直後が最大でほとんど瞬間的ですが，その後更に時間の経過，温度の低下とともに変化速度は低下してゆっくりと進行します．

これは，ゴム分子鎖が自由な形に戻ろうとする挙動が，受けた変形に対する応力の弾性成分となってダイ通過後も残留しているために生じる変形回復です．図 13.3 と図 13.4 の比較でみたように，粘度が同じでも ΔP_{in} が大であるものは，押出し後にも緩和しきらずにゴム中に留まる残留応力が大きいので形状変化も大きくなります．

13.2.3 加硫特性

未加硫ゴムを加熱するとゴム分子相互の間に架橋が起こり，長い鎖状分子の間に立体的な網目状結合ができた弾性に富む加硫ゴムに変化します．

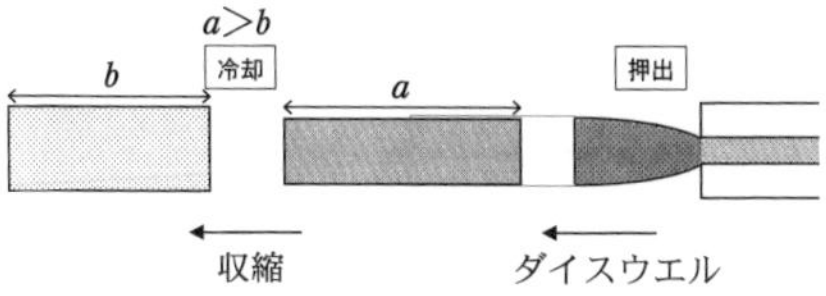

134 第13章 未加硫ゴムの試験

$a > b$

b 冷却 a 押出

収縮 ダイスウエル

図13.6 収縮の模式図

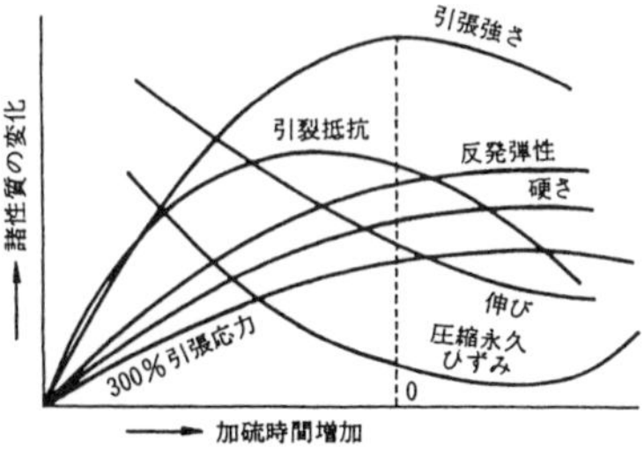

引張強さ
引裂抵抗
反発弾性
硬さ
諸性質の変化
伸び
圧縮永久ひずみ
300%引張応力
加硫時間増加

図13.7 加硫時間による諸性質の変化[2]

また，加硫によりゴムは流動性を失い成形した形状を維持できるようになります．

加硫の進行とともに引張強さや弾性率，破断伸びなどの物性が架橋の程度に応じて変化しますが，図13.7に諸物性が加硫時間によってどのように変化するかを示します．最大値を示す加硫時間が物性ごとにそれぞれ異なることがわかります．

この図から必要とする物性が何かによって最適な加硫時間は異なることがわかります．JIS[3]では弾性率が最大値の90％に達する時間を最適加硫時間としています．

第11章で架橋について述べました．また第8章では加硫反応と加硫曲線の関係が述べられていますので参照して下さい．

以上述べた未加硫ゴム独特の特性，①流動特性，②成形後の形状変化，そして③加硫特性，を正しく把握しておくことが，ゴム製品製造には肝要となります．

これら特性を評価する試験方法について以下順に解説します．

13.3 未加硫ゴムの試験方法

13.3.1 加工時の流動特性

未加硫ゴムは粘弾性体なので，粘性と同時に弾性もあります．この性質がゴムの加工しやすさに影響します．粘弾性はゴムの変形速度，変形量，加工温度によって変化しますので，加工性の試験には実際に加工するときと同じか，も

13.3 未加硫ゴムの試験方法 135

しくはできるだけ近い条件で試験することが重要になります。しかし，実際の加工条件は複雑で試験として再現することはほとんどの場合不可能です。実機を試験に使うこともありますが，試料を大量に消費するので実行する頻度が限られてしまいます。したがって，実条件を単純化して近似した条件で試験することになります。

　流動性の測定は2種類の方式が使われています。一つは試料に一定の変形速度を与えて応力を測定する方式のもので，粘度計とよばれます。これには回転式と押出し式があり，前者の例としてムーニー粘度計，後者の例としてレオメータがあげられます。もう一つは一定荷重を与えて変形の時間変化を測定する方式です。可塑度計あるいはプラストメーターが代表例です。定荷重方式は操作が簡便なので品質管理に使われており，一般にはラピッドプラストメーター（迅速可塑度計）と呼称されています。

(1)　ムーニー粘度試験[4)]

　ムーニー粘度計の測定部分は図 13.8 のようになっています。図中のローターは直径が 38.10 mm と大きい L (Large) 型で毎分 2 回転します。この他に高粘度測定用として直径を 30.48 mm と小さくした S (Small) 型ローターがあります。両者ともその表面はゴムが滑らないように溝が掘られています。試験温度は 100 ℃で行います。

　ムーニー粘度計の標準条件（L ローター回転速度 2 rpm）での平均せん断速度は 1.25/sec 程度になることが実験でわかっています。ムーニー粘度の単位は通常の粘度単位ではなく，ローターの回転トルクが 8.30 N-m のときを 100 M

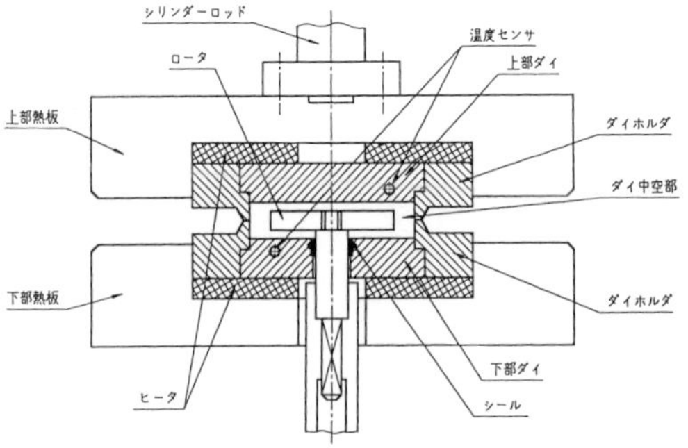

図 13.8　ムーニー粘度計主要部分[3)]

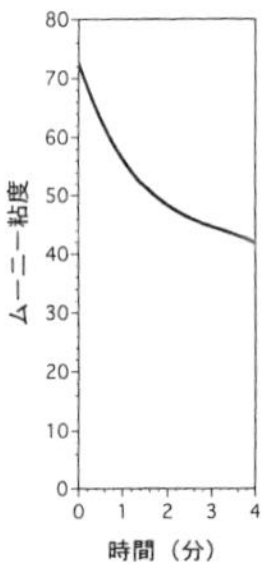

図 13.9　ムーニー粘度-時間曲線[5)]

（ムーニー単位）としています．**図13.9**に示すようにムーニー粘度は熱伝導や試料の発熱のため，時間とともに低下するので，一定の時間で測定する必要があります．

JIS[2]では試料をダイに装着してから1分間予熱し，その後ローターを回転させてトルクを測定し，4分後に終了して試験終了前30秒間の測定値の最小値をムーニー粘度とすると決めています．このような試験条件でLローターを用いて測定したムーニー粘度が50Mの場合は次のように記します．

$$ムーニー粘度 = 50\,ML\ (1+4)\ 100\,°C$$

ムーニー粘度計には回転速度を自由に変えることができる可変速ムーニー試験機もありますが，回転数を上げたとき試料の発熱による温度上昇が著しく，10 rpm. 程度が測定できる上限なので，より高い変形速度が必要な場合にはレオメーターが使われます．また主要部分は1934年に開発されたままなので，試料量が多くて熱の伝導効果が悪く，試料にかかる変形や変形速度が一様でないなどの問題を残しています．

(2) レオメーター試験

レオメーター試験では，ダイが円筒形のものをキャピラリーレオメーター，平板形のものをスリットダイレオメーターとよんでいます．

ダイの側面に2か所以上取り付けた圧力センサーでダイ通過時のゴムの圧力勾配を測定します．圧力勾配とダイの寸法およびせん断速度から粘度が計算できます．レオメーターではダイの面積を小さくし，押出速度を上げることによってせん断速度を大きくすることができる（$10^0 \sim 10^5$/sec）ので，ゴム製品の加工時に近い条件での粘度が測定できます．**図13.10**にキャピラリーレオメーターの主要部分を示します．

(3) ラピッドプラストメーター

ラピッドプラストメーターは2枚の平行熱盤の間に試料をはさみ，定荷重で押しつぶして厚さの変化を求める構造になっています．測定温度は100℃ですが，構造が簡単なので生産管理用として使われています．

せん断速度は定荷重方式の特徴として試料の種類と部分ごとに異なっており，また時間とともに変化するため，$10^1 \sim 10^5$/sec とかなり広い範囲に分布していますので個別に平均値を求める必要があります．

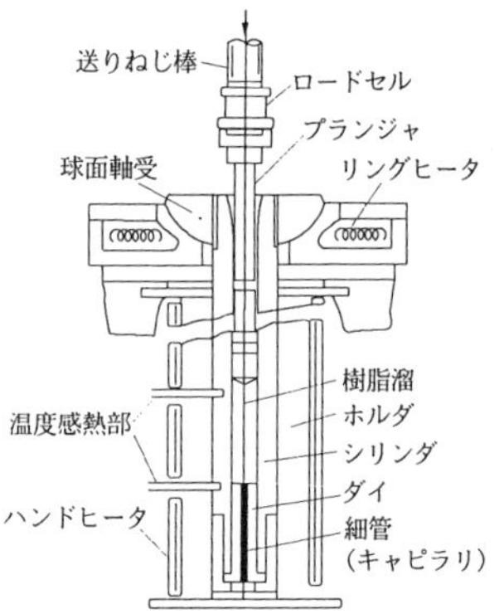

13.3 未加硫ゴムの試験方法　　137

図 13.10　キャピラリーレオメーター[5]

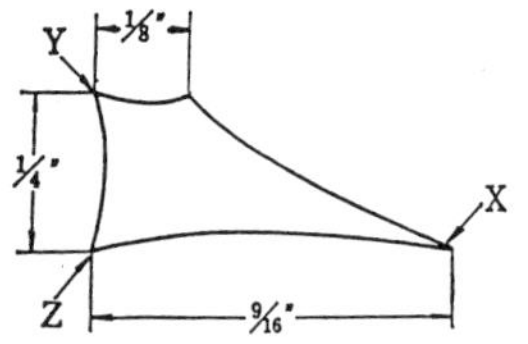

図 13.11　ガーベイダイ形状[6]

13.3.2　成形後の形状変化

　押出成形にはゴムの流動性が重要な因子ですが，それ以外にも影響をもつ因子があります．同じ粘度を示すゴムでも，押出し物の形状，表面肌，ダイスウエル等が異なる場合が多いのです．未加硫ゴムではダイスウエルが必ず生じるので製品を作るときのダイの形状は押し出し物の形状とは一致しません．期待通りの形状の製品を得るダイの設計は，現在も経験とカンによる職人芸なのです．

ガーベイダイ試験

　ダイから押出したゴムの外観良否判定には通常ガーベイダイ（Garvey die）試験が行われます．ガーベイダイ試験は図 13.11 に示す形状および寸法が決められたダイを用いてゴムを押出した後，押出形状の良否を判定します．

　ダイの温度は，流動性がよくてスコーチが発生しないことを考慮して 110 ℃とされています．①押出物のエッジの鋭さ，②エッジ切れのない連続性，③表面肌の平滑光沢性，④断面の空孔の程度という 4 項目の各項目ごとに 4 点評価（16 点満点）で判定されます．

　ダイスウエルは押出物の実重量と計算重量の比から求めます．計算重量は，一定の長さに切断した押出物の比重を測定して計算します．なお，ガーベイダイの面積も計算でわかっていますので，ガーベイダイの押出物からもダイスウエルを測ることができます．ただし，ガーベイダイは断面形状が複雑なので，

試料がダイを通過するとき試料中に発生する変形や変形速度の分布は複雑であり，円形ダイのような単純な形状のものとは，温度や平均の変形速度などの条件を合わせても，ダイスウエルの大きさは同じになりません．いずれのダイを選ぶかは製品の断面形状の複雑さによって決まります．自社の製品に合わせて独自の試験用ダイをもつことが必要です．

13.3.3 加硫特性

　振動式の加硫試験機が発明される以前は架橋度の判定は引張試験法で行っていました．加硫が進むと引張強さ（T_B）は大きくなり，破断伸び（E_B）は小さくなります．加硫時間を変えてゴムシートを加硫して，T_B と E_B の値変化から最適加硫時間を求めていました．これでは加硫時間を決めるのに大変な手間がかかることから，振動式の加硫試験機が開発されました．

　振動式加硫試験機は引張強さではなく，弾性率の変化を連続的に測定します．架橋密度と弾性率は比例しますので，弾性率を測定すれば架橋密度がわかります．当初の加硫試験機はゴム試料を挟んだ加熱用の板が往復直線運動をすることでせん断弾性率を求めていましたが，加圧することができないために加硫ゴムに気泡が発生してしまい，正確な弾性率を測定することが困難でした．そこで密閉式で加圧できる回転式（キュアメーターと総称されています）に変わっていきました．

(1) スコーチ試験

　スコーチ試験はムーニー粘度計を用いて行います．ムーニー粘度の測定は100 ℃で行いますが，スコーチ試験は温度 125 ℃で測定を行い，粘度が最小値から 5 ポイントおよび 35 ポイント上昇するまでの時間で表します．スコーチトラブルは，押出成形のようなスクリューの回転によってゴムに大きなせん断変形がかかる場合によく発生します．つまり，せん断によるゴム自身の発熱で温度上昇して架橋が始まるわけです．スコーチ試験にキュアメーターでなくムーニー試験機が使われるのは，連続的なせん断変形をシミュレートするためです．また，スコーチを発生しやすくするため温度は 125 ℃と高めに規定されています．

(2) キュアメーター試験

　キュアメーターはムーニー試験機と同じようにダイの中に置かれたローターの回転トルクを連続的に測定します。ただ加硫ゴムは未加硫ゴムに比べて弾性率が高いので，ローターは回転しないで微少角度で振動します．最近はローターがなく，上下の金型を回転振動させることで回転トルクを検出するローターレスキュアメーターが主流になっていてキュアメーター試験の省力化，自動化に大きく貢献しています．

　キュアメーターで測定した加硫曲線は**図13.12**のようになります．加硫曲線から定法により，次の3点を求めます．①加硫の開始点，$t_c(10)$．②加硫反応の中間点，$t_c(50)$．③最適加硫点，$t_c(90)$．

　$t_c(90)-t_c(10)$ は加硫速度指数とよび，加硫反応速度の目安となります．$t_c(10)$ は加硫の開始点ですのでスコーチ時間と関係します．

　$t_c(50)$ の役割はあまりはっきりしていませんが，工夫すれば役に立ちます．一例として硫黄の分散の良否判定ができます．硫黄の分散が悪く一部凝集塊として残っていると，凝集塊周辺は硫黄の濃度が高いので分散のよいものより加硫のスタートは早くなりますが，試料全体の硫黄の濃度は凝集塊があるため実質的には低くなり加硫速度は低下します．つまり，$t_c(10)$ に対して $t_c(50)-t_c(10)$ をプロットすると，硫黄の分散の良否によってプロットの位置がはっきりと分かれるわけです．

　加硫は化学反応ですから加硫温度は加硫時間に敏感に影響します．ゴムは熱の不良導体ですからモールドに触れる面と内部では温度差があります．キュアメーターの測定試料ではゴム厚さを薄く設計しているので温度差は少ないですが，実際のゴム製品では部分的には無視できない温度差が生じます．そこで加硫試験から求めた最適加硫時間から実際のゴム製品の加硫時間を決めるためには，ゴム製品の部位ごとの昇温曲線を正確に測定する必要があります．

　なお，日本ゴム協会誌では 1996 年 1 月から 13 回にわたって「ゴム関連技術探訪」を連載しました．このシリーズのなかに，ムーニー粘度計，キャピラリーレオメーター，キュアメーターが取り上げられています．測定機の開発，改良，普及について詳細に述べられています．ぜひ参照して下さい．

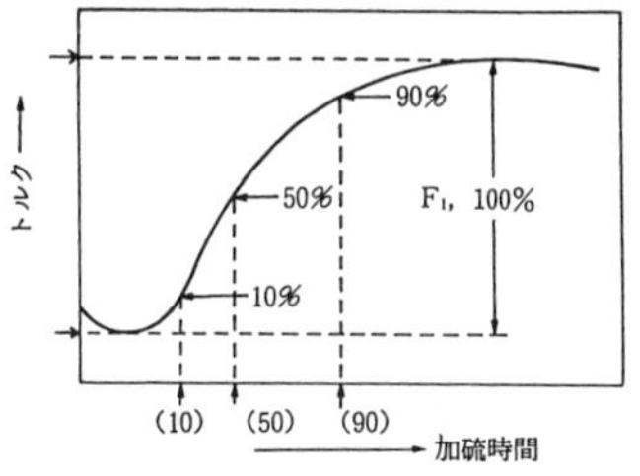

140　第 13 章　未加硫ゴムの試験

トルク

90%
50%
　　　　F₁, 100%
10%

(10)　(50)　(90)　加硫時間

図 13.12　加硫特性[3]

13.4　おわりに

　以上解説した試験法はほとんど条件を一定にすることができます．したがって，再現性も良好です．しかし，実際にゴム製品を製造する場合は，製品の形状や大きさによって，部分的に温度やせん断速度条件が異なる場合が多くあります．また，ゴム製品が使用される環境も多様です．そのため，ゴム製品を製造するについては，上記に示した各種試験において多くの条件下での検討を重ねます．得られた試験結果をもとにして，ゴム製品の品質が全体として万全であるように，配合や加工条件などに工夫が凝らされているのです．

参考文献

1)　後藤秀旦：ゴム会報（中国ゴム技術研究会），**7**，2（1988）
2)　日本ゴム協会編：「ゴム技術の基礎」（1999）
3)　JISK6300（1994）「未加硫ゴム物理試験方法」
4)　日本ゴム協会誌，**70**，32（1997）
5)　日本ゴム協会編：「新版ゴム試験法」（1988）
6)　ASTM D2230-96〔Standard test method for Rubber Property-Extrudability of unvulcanized compound〕

索　引

BIT　*96*

Boltzmann　*27*

F. H. Banbury　*95*

Goodyear　*107*

H. Ford　*95*

Hancock　*107*

J. B. Dunlop　*94*

Kuhn　*28*

LCST 型　*62*

Mooney-Rivlin　*29*

RFL　*115*

SP　*40*

S–S 曲線　*20*

tanδ　*123*

T_g　*40*

Treloar　*30*

UCST 型　*62*

Voigt Model　*23*

α-メチレン　*71*

あ 行

アグリゲート　*97*

アグロメレート　*97*

アタクチック　*42*

アミン架橋　*78*

アンダーキュア　*73*

硫黄　*69*

硫黄架橋　*70*

イソタクチック　*42*

イソプレンゴム　*38*

ウエザーストリップ　*110*

永久ひずみ　*22*

液体封入防振ゴム　*112*

エチレンプロピレン　*38*

エラストマーブレンド　*58*

エンドプレート　*92*

応力　*18*

応力緩和　*23*

オーエンスレーガー　*73*

オーバーキュア　*73*

オープン練り　*84*

オゾン劣化試験　*127*

温度依存性　*131*

か 行

カーカス　*46*

ガーベイダイ試験　*137*

カーボンブラック　*52*

化学構造　*41*

架橋　*9, 68*

架橋密度　*20*

下限臨界共溶温度型　*62*

過酸化物架橋　*69, 76*

加重平均　*120*

索 引

加成性　64
硬さ試験　121
カップリング効果　49
金型加硫　110
噛合式　99
ガラス状態　15
加硫　9, 71, 88
加硫缶　110
加硫曲線図　69
加硫時間　70
加硫接着　113
加硫促進剤　69
加硫促進助剤　69
加硫速度　70
加硫の発見　107
加硫方法　109
カレンダーロール　87
環境劣化　21

ギアー式オーブン　127
キノイド架橋　77
逆ランジュバン関数　30
キャピラリーレオメーター　103
キュアメーター試験　139
共架橋　64

屈曲き裂試験　126
クリープ　23

結合単位　41

高圧ホース　48
硬化劣化　22
鉱山用トラックタイヤ　111
ゴムコンパウンド　35
ゴム分子　10
ゴム分子鎖　10
ゴルフボール　5, 15

混練り　81
コンパウンド　7

さ 行

細片化　95
作用応力　24

シーラント　5
時間依存性　132
射出成形　110
重畳原理　27
充てん剤　43
樹脂架橋　78
上限臨界共溶温度型　62
シンジオタクチック　42
浸せき試験　127

スコーチ安定性　69
スコーチ試験　138
スチレンブタジエンゴム　38
素練り　96

成形加工　85
接線式　99
接着剤　114
セメント　114
せん断速度依存性　132

相溶　60
相溶性　59
塑性変形　12
損失係数　120
損失弾性率　123

た 行

耐寒性　36
耐久性試験　126
耐候性　38

ダイスウエル　*133*
耐熱性　*38*
タイミングベルト　*112*
タイヤ　*3, 46*
耐油性　*38*
脱水素　*71*
玉ねぎモデル　*98*
弾性成分　*120*
弾性変形　*12*

貯蔵弾性率　*123*

定伸長疲労試験　*126*
天然ゴム　*38*

統計力学　*28*
動的試験　*123*
動的粘弾性試験　*123*
特殊ゴム　*38*
トランスファー成形　*110*
トレッド　*46*
ドロップドア　*93*

な　行

軟化劣化　*21*

二段重合　*65*
ニトリルゴム　*39*

熱老化試験　*127*
粘性成分　*120*
粘度計　*135*

は　行

パーオキサイド架橋　*76*
バイアス積層　*49*
配合　*81*
破壊応力　*23*

破壊限界　*19*
バッチ式混練機　*92*
バレル　*92*
半相溶　*60*
バンバリーミキサー　*95*
半有効加硫　*75*
汎用ゴム　*38*

ビード　*87*
引裂試験　*120*
ヒステリシス　*22*
ひずみ　*18*
ひずみエネルギー関数　*29*
非相溶　*60*
引張永久ひずみ試験　*122*
引張試験　*118*
表面処理　*57*
疲労試験　*126*
疲労破壊　*24*

複合強化　*46*
複合構造品　*34*
複合材料　*7*
副資材　*45*
複素弾性率　*124*
ブタジエンゴム　*17*
ブチルゴム　*17, 38*
プライマー　*114*
ブラダー　*89*
フレクソ試験　*126*
プレス成形　*110*
分散混合　*96*
分子運動性　*10*
分子間相互作用　*40*
分子内相互作用　*40*
分配混合　*96*

ペイン効果　*54*

ベルト　*46*

防振ゴム　*3*
ホース　*4*
ボール　*48*
補強剤　*43*
母材　*45*
ホッパー　*93*
ポリマーアロイ　*59*

ま 行

摩擦試験　*125*
マスチケーター　*93*
磨耗試験　*124*
マリンス効果　*56*
マンドレル　*110*

ミキサー　*93*
密閉式混練機　*81, 92*

ムーニー粘度　*103*
ムーニー粘度試験　*135*
無機充てん剤　*43*

目地材　*6*
免震ゴム　*49*

や・ら・わ 行

有機充てん剤　*43*
有効加硫　*75*
ユニフォーミティ　*90*

溶解度パラメーター　*39*

ラピッドプラストメーター　*136*
ラム　*93*

立体配置　*42*
流動特性　*131*

レオメーター試験　*136*
連続加硫　*110*

ローター　*92*

輪ゴム　*4*

企画　一般社団法人　日本ゴム協会
出版企画委員会
〒107-0051 東京都港区元赤坂 1-5-26 東部ビル
電話（03）3401-2957／FAX（03）3401-4143
http://www.srij.or.jp/

ゴム技術入門

　　　　　　　　　　　平成 16 年 3 月 10 日　　発　　　　　行
　　　　　　　　　　　令和 6 年 8 月 25 日　　第 16 刷発行

編著者　　　一般社団法人 日本ゴム協会 編集委員会

発行者　　　池　田　和　博

発行所　　　丸善出版株式会社

　　　　　　　〒101-0051 東京都千代田区神田神保町二丁目 17 番
　　　　　　　編集：電話（03）3512-3267／FAX（03）3512-3272
　　　　　　　営業：電話（03）3512-3256／FAX（03）3512-3270
　　　　　　　https://www.maruzen-publishing.co.jp

© 一般社団法人　日本ゴム協会，2004

組版印刷・株式会社 精興社／製本・株式会社 松岳社

ISBN 978-4-621-07393-3　C 3050　　　　　Printed in Japan

JCOPY　〈（一社）出版者著作権管理機構 委託出版物〉
本書の無断複写は著作権法上での例外を除き禁じられています．複写
される場合は，そのつど事前に，（一社）出版者著作権管理機構（電話
03-5244-5088, FAX 03-5244-5089, e-mail：info@jcopy.or.jp）の許諾
を得てください．